普通高等教育"十三五"规划教材

大学物理实验

主　编　闵　琦
副主编　朱加培　田家金　葛树萍
参　编　蒙　清　丁志美

机械工业出版社

本书是面向非物理学专业本科生的大学物理实验课程的教材，主要内容包括第0章绪论、第1章力学实验和第2章电磁学实验。其中，力学实验包括"长度与体积的测量"、"质量与密度的测量"、"单摆的研究"以及"用拉伸法测定弹性模量"4个实验，电磁学实验包括"学习使用万用表"、"示波器的使用"、"电表的改装"和"用惠斯通电桥测电阻"4个实验。

图书在版编目（CIP）数据

大学物理实验/闵琦主编．—北京：机械工业出版社，2019.12（2024.8重印）

普通高等教育"十三五"规划教材

ISBN 978-7-111-64205-3

Ⅰ.①大⋯ Ⅱ.①闵⋯ Ⅲ.①物理学-实验-高等学校-教材 Ⅳ.①O4-33

中国版本图书馆 CIP 数据核字（2019）第 262828 号

机械工业出版社（北京市百万庄大街22号 邮政编码100037）

策划编辑：李永联 责任编辑：李永联

责任校对：张 征 封面设计：马精明

责任印制：张 博

中煤（北京）印务有限公司印刷

2024年8月第1版第3次印刷

184mm×260mm・5.5印张・129千字

标准书号：ISBN 978-7-111-64205-3

定价：16.50元

电话服务 网络服务

客服电话：010-88361066 机 工 官 网：www.cmpbook.com

　　　　　010-88379833 机 工 官 博：weibo.com/cmp1952

　　　　　010-68326294 金 书 网：www.golden-book.com

封底无防伪标均为盗版 机工教育服务网：www.cmpedu.com

《大学物理实验》教材编委会

主 任 委 员　闵　琦
副主任委员　朱加培　田家金　葛树萍
编　　　委（按姓氏拼音排名）
　　　　　　毕雄伟　蔡　群　陈　艳
　　　　　　丁志美　和万全　蒙　清
　　　　　　王　玻　王翠梅　王全彪
　　　　　　王晟宇　王世恩　王小兵
　　　　　　杨瑞东　翟凤瑞　张宏伟
　　　　　　张黎黎　张青友

前　言

大学物理实验课程是物理学专业之外诸多专业的必修课。红河学院（以下简称我校）物理系与学校同龄，从最初的蒙自师范高等专科学校到现如今的红河学院，已有40年的办学实践。在这么多年的教学实践中，物理系教师积淀了宝贵的教学经验，编写一本契合自身实际、体现教师专长与特点的《大学物理实验》教材一直是我校物理系教师心中多年的愿望。

为此，物理系组织系里承担大学物理和大学物理实验教学的教师把已使用多年的讲义重新仔细修订，经过多年、多方的努力和编写教师们的辛苦工作，本书最终成稿并得以出版。

闵琦教授任本书的主编，负责全书统稿；朱加培博士、田家金副教授和葛树萍老师任副主编，负责内容的选择和审定。参与编写的还有蒙清高级实验师、丁志美实验师。

本书凝结了我校物理系全体教师的经验、智慧和劳动成果，是大家群策群力的结果。

此外，本书的出版还得到了"变截面驻波管声学性质研究及其应用（11364017）""大振幅非线性纯净驻波场的获取及其声学特性的实验研究（11864010）""电-声耦合效应对量子点体系中非经典态性质的影响（11404103）"等国家自然基金项目的资助。同时，还得到了"红河学院物理学校级建设学科"学科建设项目的资助。

限于作者水平，书中缺点和错误在所难免，恳请广大读者批评指正。

编　者

致 学 生

1. 在实验中取得好的结果，是每一个实验者所期望的，如果你明确了实验的目的与要求、要观察的现象、仪器的调整与条件控制，那么你就会更接近于成功。

2. 实验中出现错误是很难完全避免的，对初学者更是如此，但要努力防止出现到做完实验后才发现实验全错了的情况。如果想到实验中可能有错，如果能随时检查实验的情况，如果会判断正确与错误，那么你就能及时发现并纠正错误。

3. 若在实验中得到了好的数据，当然会使你高兴，但是每次实验的时间只有几个小时，对数值的精密度与准确度不能期望过高，如果你不仅关心数据的好坏，而且在实验中能注意分析故障，在实验后又能做些回顾与思考，那么你的实验能力就会有较快的提高。

4. 在实验中，你是主人，不是机械地执行教师指令的操作员。如果在实验中努力使自己成为一个探索者，能不断地总结经验，那么你就会更主动、更自由，也就更有兴趣。

学生实验制度

为了培养学生良好的实验素质和严谨的科学态度，保证实验顺利进行，进一步提高教学质量，特制定以下实验制度：

1. 参加物理实验的学生，实验前必须认真预习，经教师检查同意后方可进行实验。
2. 上课不准迟到，不准无故缺课。无正当理由迟到15分钟者，要扣其实验课的分；超过半小时者，教师有权取消其本次实验资格；无故缺课者，本次实验记零分。
3. 必须严格按照实验要求和仪器操作规程，积极认真地进行实验，并做好相关实验记录。
4. 爱护仪器设备。不得随意从其他实验组乱拿仪器，不准擅自拆卸仪器；若仪器发生故障，应立即报告，不得自行处理；仪器如有人为损坏，应照章赔偿。
5. 实验室内严禁吸烟、吃零食、吐痰、乱扔杂物和大声喧哗。
6. 做完实验后，学生应将仪器整理还原，将桌子和凳子收拾整齐，经教师检查并签字后，方可离开实验室。
7. 实验报告应在实验后一周内交到实验室。
8. 只要有一个实验缺席或有一个实验报告没交，本门实验课成绩都将不及格。

目 录

前 言
致学生
学生实验制度
第 0 章　绪论 ……………………………………………………………………… 1
  0.1　大学物理实验课的地位、作用和任务 …………………………………… 1
  0.2　大学物理实验课的过程与各教学环节 …………………………………… 2
  0.3　测量的不确定度及数据处理 ……………………………………………… 4
  0.4　有效数字 …………………………………………………………………… 14
  0.5　物理实验数据处理的基本方法 …………………………………………… 17
  0.6　物理实验报告范例 ………………………………………………………… 20
第 1 章　力学实验 ………………………………………………………………… 27
  实验 1.1　长度与体积的测量 ………………………………………………… 27
  实验 1.2　质量与密度的测量 ………………………………………………… 34
  实验 1.3　单摆的研究 ………………………………………………………… 39
  实验 1.4　用拉伸法测定弹性模量 …………………………………………… 44
第 2 章　电磁学实验 ……………………………………………………………… 51
  2.1　电源 ………………………………………………………………………… 51
  2.2　电阻器 ……………………………………………………………………… 52
  2.3　电表 ………………………………………………………………………… 55
  2.4　电磁学实验注意事项 ……………………………………………………… 57
  实验 2.1　学习使用万用表 …………………………………………………… 59
  实验 2.2　示波器的使用 ……………………………………………………… 64
  实验 2.3　电表的改装 ………………………………………………………… 71
  实验 2.4　用惠斯通电桥测电阻 ……………………………………………… 74
参考文献 …………………………………………………………………………… 78

第 0 章 绪 论

绪论部分所叙述的内容是为了做好实验、正确地处理好实验数据、规范地撰写实验报告，乃至进行简单的实验设计提供所需的预备知识。其中，测量不确定度的基本概念及其评定方法是最基本、最重要的。然而，在这里只对测量不确定度的估算方法提出一般规格化的要求，而在实际应用中还需要通过不断学习，不断积累实践经验，逐步做到融会贯通，同时针对具体的实验条件进行具体分析。因此，学生在阅读其他相关的参考书时，应该区别某些具体提法上的不一致，并应用自己所学的知识给予分析。在一般情况下，学生在进行实验数据处理以及对测量不确定度进行估计时，应以本绪论的要求为依据。本绪论涉及的内容较多，而且还很重要，学生应结合实验反复练习，做到全面掌握。

0.1 大学物理实验课的地位、作用和任务

0.1.1 大学物理实验课的地位和作用

科学实验是研究自然规律与改造客观世界的基本手段。科学研究的一般过程是从生产或科研中提出或发现问题并立题、进行可行性论证（即理论上的可行性论证）、实验、分析实验现象或数据、抽象并建立物理模型、依据物理模型建立数学模型，最后解决问题。可见，科学实验在生产与科研中占有重要地位。

物理实验是科学实验的重要组成部分，它在物理学的研究和发展中都起着非常重要的作用。众所周知，牛顿力学规律是建立在开普勒的大量天文观察数据和伽利略等人的科学实验基础上的；英国物理学家麦克斯韦（Maxwell）电磁理论的提出是建立在奥斯特（Oersted）、法拉第（Faraday）和亨利（Henty）等人有关电与磁关系大量实验探索的基础上的，其理论形成了电磁理论的基础，而麦克斯韦在总结前人实验成果的基础上形成了新的理论，同时预言了电磁波的存在，这一预言又是经赫兹（Hertz）的火花放电实验所证明的。我国建立的正负电子对撞机是粒子物理与核物理研究的重要设备，为我国的粒子物理发展做出了重要贡献。可见物理学本身就是在实验的基础上发展起来的，不论是物理学理论的建立还是对理论的检验都离不开实验。总之，实验是理论的源泉和自然科学的根本，同时科学理论对实验又起着指导作用。

0.1.2 大学物理实验课的任务

物理实验课在大学物理中是对学生进行科学实验基本训练的一门独立的必修基础课程，是学生进入大学后受到系统实验方法和实验技能训练的开端，是对学生进行科学实验训练的重要基础。它和物理理论课教学具有同等重要的地位。它们既有深刻的内在联系和配合，又

有各自独立的任务和作用。

本课程的具体任务如下：

1) 通过对实验现象的分析和对物理量的测量，学习物理实验的基本知识、基本原理、操作方法与技术、仪器的基本结构与性能以及数据的记录与处理（尤其是测量误差与测量不确定度的基本知识）。

2) 培养实验操作的基本能力，其中包括：

① 能够通过阅读实验教材或资料，做好实验前的准备——自学能力。

② 能够借助实验教材或仪器使用说明书正确使用常用仪器——动手能力。

③ 能够运用物理学理论对实验现象进行初步的分析判断——分析能力。

④ 能够正确记录和处理实验数据，绘制曲线，说明结果，撰写合格的实验报告——表达能力。

⑤ 能够完成简单的具有设计性内容的实验——实验设计能力。

3) 培养与提高学生的科学实验素养，要求学生具有理论联系实际和事实求是的科学作风，严肃认真的工作态度，主动研究的探索精神，遵守纪律、团结协作、节约资源和爱护公共财产的优良品德。

0.2 大学物理实验课的过程与各教学环节

0.2.1 大学物理实验课的一般程序和要求

要上好物理实验课，应遵循下面的程序和要求。

0.2.1.1 实验前预习

实验课的课上时间是有限的，仅靠这点时间不可能把实验原理、方法、仪器设备的性能和实验数据的取得等诸多任务完成，所以必须进行课前预习，才能在规定的时间内高质量地完成观测任务，这是取得满意结果的重要保证。预习的内容包括：

1) 明确本次实验要达到的目的，以此为出发点，弄明白实验所依据的理论、所采用的实验方法和要用到的仪器用具。

2) 搞清控制物理过程的关键及必要的实验条件；知道实验要进行的内容和实施的步骤，仪器如何选择、安排和调整；分析实验中可能出现的问题等。在此基础上写出实验预习报告（或者完成实验报告的前半部分）。

0.2.1.2 进行实验

实验过程是物理实验教学的中心环节，内容非常丰富，是学生主动研究、积极探索的好时机，一堂课收获的多少，将取决于个人主观能动性的发挥程度。因此要做好实验应注意以下问题：

1) 在实验中要努力弄懂为何要这样安排实验和规定实验步骤，要掌握正确的调整操作方法，要注意观察实验现象。要注意以下几个方面的问题：什么现象说明调节已达到规定的要求？观察到的现象是否与预期的一致？这些现象说明什么问题？出现故障时应如何根据现象来分析产生的原因？

2) 应正确地记录数据，正确地设计出数据表格，正确地判断数据的科学性，如实、清楚地记录下全部原始实验数据和必要的环境条件、仪器型号与规格以及正确的有效数据等。

实验中要做到四多（多观察、多动手、多分析、多判断）和三反对（反对侥幸心理、反对机械地操作、反对实验的盲目性）。

学生进入实验室后应按下列仪器的安装和调整要求进行实验：

在使用仪器进行测量时，必须满足仪器的正常工作条件（水平或铅直放置，工作电压或光照等），要耐心细致地调整仪器，不要急于进行测量。使用仪器必须按操作规程进行，当不需要测量或不明确操作规程时，千万不要动用仪器。以下举出几点共同性的注意事项：

1) 在安排仪器时，应尽量做到便于调节、观察、读数和记录。

2) 灵敏度高的仪器（例如天平、灵敏电流计）都有制动器，当不进行测量时，应使仪器处于制动状态。

3) 秒表、温度计、放大镜等小件仪器，在用完之后要放到仪器盒中。

4) 拧动仪器上的旋钮或转动部分时，用力要均匀，旋转要缓慢。

5) 注意仪器的零点（记下零点读数进行修正），必要时需进行调零。

6) 砝码、透镜、表面镀膜反射镜等器件，为了保持其测量精度，不许用手去摸，也不要随便用纸或布去擦。

7) 使用电学仪器要注意电源电压、极性，并需经教师允许后方能接通电源。

8) 不要动用别的组的仪器。仪器不够用时要请示教师。

9) 实验完后要将仪器整理、恢复到实验前的状态。

0.2.1.3 数据的处理和撰写实验报告

实验报告是实验工作的总结，要用简明的形式说明实验的情况、结果和个人的体会。为了写好实验报告，应该做到认真学习实验数据的处理方法；有根据、具体地进行误差分析；正确地表示出测量结果，并对结果做出合乎实际的说明和讨论；记录并分析实验中发生的现象；认真回答思考问题；将自己在实验中碰到的问题和体会进行分析讨论等。

完整的实验报告应包括下述几部分内容：

①写明实验名称；②说明实验目的；③列出实验仪器：主要仪器及其型号、精密度、编号等；④说明实验原理和主要的公式、电（光）路图。若教材与实际所用的不符，应取实际所用的；⑤列出实验步骤：主要的实验步骤；⑥观测记录：全部实验中有用的原始数据要尽量以表格的形式列出，并正确地表示出有效数字和单位；⑦处理实验数据：根据实验目的求出最后的测量结果，同时应进行误差分析；⑧测量结果：最后的结果应包括测量值、不确定度和单位以及得到结果的概率。如果实验是为了观察某一物理现象、规律，可扼要地写出实验结论；⑨讨论与分析：回答实验思考题，描述实验中观察到的异常现象并进行可能的解释，分析实验误差的主要原因，提出对实验仪器、方法的建议等。最后还可谈谈对实验的心得体会。

以上是对实验报告的一般性要求。不同的实验，可以根据具体情况有所侧重和取舍。不必千篇一律。

书写出一份字迹清楚、文理通顺、图表正确、数据完备和结果明确的报告是对大学生的起码要求，也是大学生应具备的基本能力。

0.2.2 严格基本训练，培养动手能力

物理实验训练是成才的基本功。严格训练要从一点一滴、一招一式做起。例如基本仪器的正确使用就涉及仪器位置的摆放、连线与拆线的方法、操作顺序、调零、消除视差、读数记录和整理等最基本的步骤。

实验不能满足于测量几个数据。要充分利用实验机会来培养自己的动手能力。可以通过重复实验、改变实验条件或参数以及做对比分析来判断测量结果的正确性；当遇到困难或数据误差过大时，不要一味地埋怨仪器不好或简单重做一遍，而要认真地分析，找出原因，自己动手排除障碍，尽力把实验做好。

完成实验后，可结合不同实验的目的和要求进行必要的归纳总结，提高自己驾驭知识的能力。例如，归纳总结不同实验中体现出来的基本实验方法：比较法、放大法、作图法、逐差法、回归法等，明确本实验采用了哪些方法。

0.3 测量的不确定度及数据处理

0.3.1 测量的基本概念

1. 测量

物理实验不仅要定性观察各种物理现象，更重要的是找出有关物理量之间的定量关系，为此就需要进行测量。测量就是将待测的物理量与一个选来作为标准的同类量进行比较，得出它们之间的倍数关系。选来作为标准的同类量称为单位，倍数称为测量数据。因此，测量是为确定被测对象的量值而进行的一组操作。为了使测量结果具有一定的意义，在测量过程中必须满足以下两个条件：①选来作为标准的同类量必须是精确的已知量，并为人们所公认；②用来进行定量比较的仪器设备和程序必须能够被证明是正确的。

在进行测量时，观测者对确定的测量对象必须选用适当的测量装置、仪器或设备，并应用正确的测量方法，而且一切测量必定是在以多种物理因素为特点、可能对测量值产生影响的测量条件下进行。我们把观测者、测量对象、测量仪器、测量方法、测量条件统称为测量五要素。例如用直尺测量钢丝的长度，把直尺作为标准的长度量具，使钢丝伸直与之对齐并记录钢丝两端相应的读数之差。观察者是学生，测量对象是钢丝，测量仪器为直尺，测量方法是以直尺的刻度格数直接与钢丝的长度进行比较，而测量条件则可表现为周围环境的温度、湿度、室内的照明程度、操作者的技术程度等。

2. 测量的分类

按测量值获取的方法进行分类，测量可分为直接测量和间接测量。

(1) 直接测量　借助测量仪器直接得到被测量量值的测量。例如用米尺测量单摆的摆长，用秒表测量单摆的周期，用电流表测量线路中的电流等都是直接测量。

直接测量又分为单次测量（即对待测物理量只测一次）和多次测量两种。多次测量又有多次等精度测量（即测量原理、测量方法、观测者、测量仪器、参考物质标准、测量环境等测量条件均相同）和多次不等精度测量之分。

（2）间接测量 根据直接测量法测得的量值与被测量之间的已知函数关系，通过计算间接得到被测量量值的测量。例如，用单摆测重力加速度 g，需先测出摆长 l 和周期 T，然后根据单摆的周期公式 $g=4\pi^2 l/T^2$ 计算出 g 值。这一类的测量称为间接测量。

3. 测量仪器

测量仪器是指用以直接或间接测量被测对象量值的所有器具。如游标卡尺、天平、停表、电流表、电压表、惠斯通电桥等。

由于测量是以计量器具为标准进行比较的，这就要求仪器准确，且由于测量的目的不同，对仪器准确度的要求也不同，所以仪器应有一定的准确度等级。例如，1 级螺旋测微计，其测量范围小于 50mm，最大误差不超过 ±0.004mm；1.0 级电流表，其测量范围为 0～500mA，基本误差限位 ±5mA。

实验时要恰当地选取仪器，最基本的是测量范围和准确度指标。若被测量超过了仪器的测量范围，首先会对仪器造成损伤，其次可能测不出量值（如电流表），或勉强测出（如天平），但误差将增大。

无论是直接测量还是间接测量，均要借助测量仪器进行测量，因此，测量结果给出被测量的量值应包括数值和单位两部分（不标出单位的数值不是测量值）。

4. 读数原则

综上所述，一切物理测量最终都将转化为对某些物理量的直接测量，而且测量必须要读数。因此，为了做好实验，获得可靠的测量数据，除了应该养成良好的读数习惯、尽量减小视差之外，采取正确的读数方法也是十分重要的。因为仪器的可读度取决于采用模拟显示的仪表和观察者，所以不同的仪器和仪表，其正确的读取方法也是有所不同的，现分别叙述如下：

1）对于一般线性刻度的仪器仪表（连续式的），应估读到其最小分度值的十分之几。

2）对于下列几种类型的仪器仪表，一般不进行或不可能估读：

① 对于非线性刻度的仪器仪表一般不要求估读。例如热电偶真空计的指示压力读数。

② 对于不确定度与分度值非常接近的仪器仪表，进一步估计其读数将无实际意义。例如游标卡尺。

3）对于示值产生跳变的仪表（不连续式的），读数时不可能进行估读。例如数显仪表。

0.3.2 误差的基本知识

物理实验离不开测量，但从事过测量工作的人几乎都会认识到：测量结果和实际值并不完全一致，即存在误差。

造成误差的原因有：测量仪器本身的局限性（例如，量具刻度不可能绝对准确均匀，最小刻度以下的尾数无法读准确等）、测量方法的局限性（例如电学测量中引线电阻的影响等）、实验条件难以严格保证（例如环境温度对测量的影响等）、实验人员操作水平的限制

（例如眼睛无法对平衡位置做出严格的判断等）等。因此，作为一个测量结果，不仅应当提供被测对象的量值大小和单位，还应该对量值本身的可靠程度做出分析。不知道可靠程度的测量值是没有多大意义的。

1. 真值和误差

真值：被测量在其所处的确定条件下，实际具有的量值。

误差：测量值与真值之差，记为

$$\Delta x' = x - a \tag{0.3-1}$$

式中，x 是测量结果；a 是被测量的真值；$\Delta x'$ 为测量误差，取绝对值后又称绝对误差。

真值是客观存在的，但它是一个理想的概念，在一般情况下不可能准确知道。但在有些具体问题中，真值在实际上可以认为是已知的。例如，为了估计用伏安法测电阻的误差，可以用可靠性更高的电桥的测量结果作为"真值"；对于氦氖激光器的波长，可以把大量文献采用的 632.8nm 作为"真值"等。这种与真值非常接近，从而在一定条件下能代替真值的给定值，常被称为约定真值（或公认值）。

测量所得到的所有数据毫无例外的都包含有一定的误差，因而实际上测量的目的不是在于得到真值，而是设法得到最接近真值的测得值。因此，测量的任务是：

1）给出被测量真值的最佳估计值（或称近真值）；

2）给出真值最佳估计值的可靠程度的估计（即不确定度）。

为此，就需研究误差的来源、性质及其对测量结果的影响。而测量误差是一门专门的科学，深入讨论它需要有丰富的实验经验和较多的数学知识。希望同学们着重了解它的物理内容，学会简单的计算，领会误差分析的思想对于做好实验的意义。

2. 误差的分类

（1）按误差的性质分类：

1）系统误差：在同一测量条件下（测量的方法、仪器、环境和观测者不变）多次测量同一物理量时，符号和绝对值的大小不变，或按某一确定的规律变化的误差，称为系统误差。

系统误差表现为确定的变化规律。例如，在用天平称衡物体的质量时，由于砝码的标称质量（即刻在砝码上的质量数值）不准确地等于砝码的真实质量而引入的误差，由于空气浮力的影响引入的误差，由于天平臂不等长引入的误差，这些误差在多次反复称衡同一物体的质量时是恒定不变的，都属于系统误差。又如在一电路中的电池端电压，随放电时间的延长而降低时，将给电路中的电流引入系统误差。

系统误差的修正：用测量值加上一个修正值。

2）偶然误差（随机误差）：在同一测量条件下（测量的方法、仪器、环境和观测者不变）多次测量同一物理量时，测得的值总是有稍许差异，而且变化不定，并且在消除系统误差之后依然如此。这部分绝对值和符号经常变化的误差称为偶然误差。

偶然误差表现为某次测量值变化不定，毫无规律，但总体服从统计规律。例如，用手按秒表测单摆的振动周期每次不尽相同的情形，就是偶然误差造成的。但如果测量 200 次，平均效果满足统计规律。

3）粗大误差（过失误差）：凡是用测量时的客观条件不能解释为合理的那些突出的误差，可称为粗大误差。这是观测者在观测、记录和整理数据过程中，由于缺乏经验、粗心大意、疲劳等原因引起的。学生在刚开始学习物理实验时，在实验过程中常常会有粗大误差出现，应在教师的指导下，不断总结经验，提高实验素养，避免产生粗大误差。

（2）按误差的表示方式分类

1）绝对误差：按照误差的定义，误差是测量结果与客观真值之差，它既有大小又有正负。因此在计算误差时应对式（0.3-1）的误差取绝对值，即

$$\Delta x' = |x - a| \tag{0.3-2}$$

2）相对误差：绝对误差与真值之比称为相对误差，乘以100%后又称为百分误差，即

$$\varepsilon_r = \frac{\Delta x'}{a} \times 100\% = \left(\frac{|测量值 - 公认值|}{公认值} \times 100\%\right) \tag{0.3-3}$$

（3）其他表示方式的误差　在有些实验中，常用下列误差进行计算。

1）分贝误差：是指通信信号经长距离传输，其功率比 P_2/P_1 的对数衰减，即

$$D = \lg \frac{P_2}{P_1} (B) \tag{0.3-4}$$

D 的国际单位为贝尔（B），通常用分贝（dB）为单位，1B=10dB，则式（0.3-4）可表示为

$$D = 10\lg \frac{P_2}{P_1} (dB) \tag{0.3-5}$$

2）示值误差：它是仪器的示值与真值之差，即

$$\Delta x_i = x_i - x_0 \tag{0.3-6}$$

式中，x_i 为仪表示值；x_0 为被测量的实际值。

3）引用误差：是在多挡或连续刻度的仪器仪表中广泛采用的一种实用、方便的相对误差，这类误差在电学实验中常常用到，它被定义为仪表各刻度点示值误差的最大值（Δx_i）与引用值（仪表量程的满刻度值 x_{max}）之比，即

$$引用误差 E_n = \frac{示值误差}{引用值} \times 100\% = \frac{\Delta x_i}{x_{max}} \times 100\% \tag{0.3-7}$$

引用值 x_{max}：为全量程值（或量程上限）。

最大引用误差：

$$E_n = \frac{\Delta x_{max}}{x_{max}} \times 100\% \tag{0.3-8}$$

最大绝对误差：

$$\Delta x_{max} = 量程 \times 准确度等级\% = x_{max} \times a\%$$

按国家标准，根据引用误差的大小，将电工仪表、流量用仪器的准确度等级划分为8个等级：0.05，0.1，0.2，0.5，1.0，1.5，2.5，5.0。

3. 精密度、准确度和精确度

在科学实验中，常用精密度、准确度和精确度来评价测量结果。这3个词含意不同，使用时应加以区别，如图0.3-1所示。

（1）精密度　表示多次测量测得值的离散程度。系指在规定条件下，对被测量进行多次

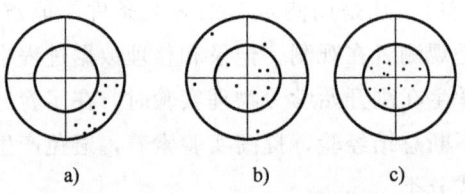

图 0.3-1 打靶弹着点的分布图

测量时,所得结果之间符合的程度。精密度高说明偶然误差较小,但不说明系统误差的大小。

(2) **准确度** 表示测量数据的平均值偏离真实值的程度。准确度高说明测量结果的系统误差较小,但不说明测量值的分散情况,即偶然误差的大小不明确。

(3) **精确度** 表示测量结果与真值的一致程度。精确度高说明大多数的测量值都集中在真值附近,系统误差和偶然误差都比较小。在科学实验中,总是希望能尽量提高测量的精确度。

作为一种形象的说明,可以把它们比作打靶弹着点的分布,参看图 0.3-1 来帮助理解。

图 0.3-1a 表示射击的精密度高,但准确度差;

图 0.3-1b 表示射击的准确度高,但精密度差;

图 0.3-1c 表示精确度高,即精密度和准确度都较好。

4. 误差的计算(偶然误差计算)

(1) **算术平均值** 设 n 次测量值 x_1,x_2,…,x_n 的误差分别为 $\Delta x'_1$,$\Delta x'_2$,…,$\Delta x'_n$,被测量的真值为 a,测量值的算术平均值为

$$\bar{x} = \frac{1}{n}(x_1 + x_2 + \cdots + x_n) = \frac{1}{n}\sum_{i=1}^{n} x_i \quad (0.3\text{-}9)$$

而算术平均值 $\bar{x}$ 的误差为

$$\bar{x} - a = \frac{1}{n}\sum_{i=1}^{n} x_i - a$$

$$\bar{x} - a = \frac{1}{n}[(x_1 - a) + (x_2 - a) + \cdots + (x_n - a)]$$

$$\bar{x} - a = \frac{1}{n}(\Delta x'_1 + \Delta x'_2 + \cdots + \Delta x'_n)$$

$$\bar{x} - a = \frac{1}{n}\sum_{i=1}^{n}(\Delta x'_i) \quad (0.3\text{-}10)$$

即等于各测量值误差 $\Delta x'_i$ 的平均值。式 (0.3-10) 中的 $\Delta x'_i$ 有正有负,相加后可抵消很多,而且 n 越大,相消的机会越多(一般实验取 6~10 次),因此,通常用算术平均值 $\bar{x}$ 为直接测量的最佳估计值——近真值。

(2) **测量列的标准误差** 具有偶然误差的测量值是分散的。对同一被测量做 n 次测量,结果是 x_1,x_2,…,x_n,表征测量结果分散性的量 s 称为该测量列的标准误差,s 可由如下贝塞尔公式算出,即

$$s = \sqrt{\frac{\sum_{i=1}^{n}(x_i - \overline{x})^2}{n-1}} \tag{0.3-11}$$

s 反映了偶然误差的分布（满足高斯分布）特征，s 小的测量值，表示分散范围较窄或比较向中间集中，显示测量值偏离真值的可能性较小，即测量值的可靠性较高。

(3) 平均值的标准误差　测量值有偶然误差，它们的平均值也必然有偶然误差，它与测量实验标准误差的关系为

$$s(\overline{x}) = \frac{s}{\sqrt{n}} = \sqrt{\frac{\sum_{i=1}^{n}(x_i - \overline{x})^2}{n(n-1)}} \tag{0.3-12}$$

按误差理论的高斯分布可知，当不存在显著系统误差时：
1) $[\overline{x} - s(\overline{x}) \sim \overline{x} + s(\overline{x})]$ 范围内包括真值的概率为 0.68；
2) $[\overline{x} - 1.96s(\overline{x}) \sim \overline{x} + 1.96s(\overline{x})]$ 范围内包括真值的概率为 0.95。

0.3.3　测量不确定度的基本概念

在相当长的时间内，测量结果的可信程度一直用误差来表示，致使国内外对于测量结果的可信程度的表述、运算规则等都不尽统一。1992 年国际计量大会以及四个国际组织制定了协调的具有国际指导性的《测量不确定度表达指南》，1993 年批准实施。我国的计量标准部门也明确指出应采用不确定度作为误差数字指标的名称。

测量不确定度（uncertainty of measurement）表示测量结果的不确定或不肯定程度，也就是不可信度（对测量结果怀疑程度的定量表示）。

测量不确定度一般包含许多分量，其中一些分量可以根据测量结果的统计分布进行评定，并且可以用实验标准偏差表征。当测量不确定度用实验标准差估计时，称为标准不确定度（standard uncertainty）。如果标准差的估计值是由对一系列测得值直接进行统计分析得到的，则称其为 A 类标准不确定度（type A standard uncertainty）或标准不确定度的 A 类评定，也称为统计不确定度 $u_A(x)$。其他分量只能根据经验或其他信息（例如计量器具的鉴定证书、标准、技术规范、手册等上面所提供的数据以及国际上所公布的常量或常数等）进行评定，它不同于对一系列测得值进行统计分析运算所得到的标准偏差估计值，被称为 B 类标准不确定度（type B standard uncertainty）或标准不确定度的 B 类评定，也称为非统计不确定度 $u_B(x)$。

对任一物理量测定之后，要估算测量值的标准不确定度，由于其测量值的标准不确定度来源不只一个，所以其标准不确定度应由合成标准不确定度（combined standard uncertainty）$u_C(x)$ 表示。

0.3.4　直接测量数据处理

1. 求近真值

对直接观测量 x 做了有限次（n 次）的等精密度独立测量，结果是 $x_1, x_2, \cdots, x_n$，若

不存在系统误差,则应该把算术平均值作为真值的最佳估计值,即

$$\bar{x} = \frac{1}{n}(x_1 + x_2 + \cdots + x_n) = \frac{1}{n}\sum_{i=1}^{n} x_i \tag{0.3-13}$$

对测量量的算术平均值进行分析,如果存在已知的系统误差,则应进行修正,求出近真值,即

$$近真值 = \bar{x} + 修正值 \tag{0.3-14}$$

2. 估算直接测量的标准不确定度

(1) 标准不确定度的 A 类评定 $u_A(x)$

测量 x 的平均值 $\bar{x}$ 的标准误差为

$$s(\bar{x}) = \sqrt{\frac{\sum_{i=1}^{n}(x_i - \bar{x})^2}{n(n-1)}}$$

取 x 的标准不确定度的 A 类评定为

$$u_A(x) = s(\bar{x}) = \sqrt{\frac{\sum_{i=1}^{n}(x_i - \bar{x})^2}{n(n-1)}} \tag{0.3-15}$$

当测量值 x 的分布为高斯分布时,不确定度 $u_A(x)$ 表示 $\bar{x}$ 的偶然误差在 $[-u_A(x) \sim +u_A(x)]$ 范围内的概率近似为 2/3。

(2) 标准不确定度的 B 类评定 此类评定是基于测量用仪器的性能、测量环境对测量结果的影响、测量方法的近似性等方面的不确定度分量的估计。B 类标准不确定度 $u_B(x)$ 也可以由许多分量组成,假定有 m 个分量组成,分别用 $u_{Bj}(x)(j=1,2,\cdots,m)$ 表示。一般地,如果知道了某一方面对测量结果有影响的极限误差 Δ 及其对应不同分布的置信概率为 1(即 $P=1$)时的分布与置信系数(或称覆盖因子)为 c,则 B 类标准不确定度可由下式估计:

$$u_{Bj}(x) = \frac{\Delta}{c} \tag{0.3-16}$$

常见的分布及其相应的 c 值见表 0.3-1。在根据式(0.3-16)及表 0.3-1 估计单次测量的 B 类标准不确定度时,一般都可以认为其自由度 k 趋于无穷,即 $k \to \infty$。

表 0.3-1 不同分布对应的覆盖因子 c 值

分布	正态	均匀	三角	反正弦	两点
c	3	$\sqrt{3}$	$\sqrt{6}$	$\sqrt{2}$	1

由上述讨论可知,估计误差在其分散区间内的分布,对于初学者而言是比较困难的。所以本课程约定:对一些完全不知道其分布的误差,均假定它们遵从均匀分布,即

$$u_{Bj}(x) = \frac{\Delta}{\sqrt{3}} \tag{0.3-17}$$

不论是单次直接测量还是相同条件下的多次直接测量，都可能包含有实验条件、实验装置、测量操作等因素导致的 B 类标准不确定度，均应该充分考虑并进行估计。而在物理实验教学中，我们一般只考虑测量的估计误差 $\Delta_{估}$ 引入的标准不确定度 $u_{B1}=\dfrac{\Delta_{估}}{c_1}$ 和测量仪器的最大允许误差 $\Delta_{仪}$ 引入的标准不确定度 $u_{B2}=\dfrac{\Delta_{仪}}{c_2}$ 两个方面，其中 $\Delta_{估}$ 由测量仪器的分度值和测量的实际情况来综合考虑，c_1 是 $\Delta_{估}$ 的分布与置信系数，$\Delta_{仪}$ 可以在仪器上、仪器说明书和仪器手册中查找到，c_2 是 $\Delta_{仪}$ 的分布与置信系数。

在 $u_{B2}=\dfrac{\Delta_{仪}}{c_2}$ 中，$\Delta_{仪}$ 为测量仪器的极限误差，是 B 类不确定度 u_{B2} 评定的关键，可参照表 0.3-2 和以下方面进行取值（对单次测量和重复测量所得测量值相同时此方法也适用）：

1）计量仪器说明书或检定书。

例如：游标卡尺仪器说明书表明其最小分度值为 0.02mm，则 Δ=0.02mm。

2）仪器的准确度等级。

例如：0~100mA 电流表的准确度等级为 0.5 级，则 Δ=0.5%×100mA=0.5mA。

3）粗略的依据分度值或经验。

4）容许误差或示值误差。

5）刻度式仪器的误差取其最小分度值的 $\dfrac{1}{10}$、$\dfrac{1}{5}$ 或 $\dfrac{1}{2}$，具体取值可视仪器分辨率决定。

表 0.3-2　常用仪器的主要技术条件和仪器的最大允许误差

量具（仪器）	量　　程	最小分度值	最大允许误差
木尺（竹尺）	30~50cm 60~100cm	1mm 1mm	±1.0mm ±1.5mm
钢卷尺	150mm 500mm 1000mm	1mm 1mm 1mm	±0.10mm ±0.15mm ±0.20mm
钢卷尺	1m 2m	1mm 1mm	±0.8mm ±1.2mm
游标卡尺	125mm 300mm	0.02mm 0.05mm	±0.02mm ±0.05mm
千分尺（螺旋测微计）	0~25mm	0.01mm	±0.004mm
七级天平（物理天平）	500g	0.05g	±0.08g（接近满量程） ±0.06g（1/2 量程附近） ±0.04g（1/3 量程附近）
三级天平（分析天平）	200g	0.1g	±1.3g（接近满量程） ±1.0g（1/2 量程附近） ±0.7g（1/3 量程附近）
普通温度计（水银或有机溶液）	0~100.0℃	1.0℃	±1.0℃
精密温度计（水银）	0~100.0℃	1.0℃	±0.20℃

(3) 合成标准不确定度 $u_C(x)$　对于直接测量，设被测量 x 的标准不确定度的来源有 k 项，则合成标准不确定度取

$$u_C(x) = \sqrt{\sum_{i=1}^{k} u_i^2(x)} \qquad (0.3\text{-}18)$$

式中，$u_i(x)$ 为标准不确定度的 A 类评定或 B 类评定。

例 1　用千分尺测钢球的直径。

不确定度来源有：

① 重复测量读数（A 类评定）；② 千分尺的固有误差（B 类评定）。

例 2　用天平称衡一物体的质量。

不确定度的来源有：

① 重复测量读数（A 类评定）；② 天平不等臂（B 类评定）；③ 砝码的标称值的误差（B 类评定）；④ 空气浮力引入的误差（B 类评定）。

(4) 测量结果报道　$x = ($近真值 $\pm u_C(x))$（单位）。

0.3.5　间接测量数据处理

1. 求测量量的最佳估计值

设 $y = y(x_1, x_2, \cdots, x_m)$，其中 x_1，x_2，$\cdots$，x_m 各量测得后，可由此函数求出物理量 y 之值。如果 x_1，x_2，$\cdots$，x_m 各有 n 个测量值，则有两种计算 y 的方法。

(1) 先平均法　先求各 x_i 的平均值，再修正已知的系统误差，然后将它们代入函数求 y 的近真值，即

$$y = y(\bar{x}_1, \bar{x}_2, \cdots, \bar{x}_m) \qquad (0.3\text{-}19)$$

(2) 后平均法　分别从各 x_i 中取一值，再修正已知的系统误差；然后将它们代入函数求 y_i，可得 n 个 y 值，再求 y_i 的平均值，即 y 的近真值（或最佳估计值），有

$$\bar{y} = \frac{\sum y_i}{n} = \frac{\sum y(x_{1i}, x_{2i}, \cdots, x_{mi})}{n} \qquad (0.3\text{-}20)$$

对于线性函数，两种方法计算结果是一致的；对于非线性函数则有差异。但是，一般差异很小，而后平均法要求各 x 的测量次数相同，这很不方便，所以一般用先平均法。

2. 标准不确定度的合成传递

已知 $y = y(x_1, x_2, \cdots, x_m)$，当由各 x_i 的测量值代入函数式求 y 值时，各 x_i 的误差也随之传递给求出的 y 值。

可以证明常用的标准差合成式为

$$s(y) = \sqrt{\left(\frac{\partial y}{\partial x_1}\right)^2 s^2(x_1) + \left(\frac{\partial y}{\partial x_2}\right)^2 s^2(x_2) + \cdots + \left(\frac{\partial y}{\partial x_m}\right)^2 s^2(x_m)}$$

则合成标准不确定度为

$$u_C(y) = \sqrt{\sum_{i=1}^{m} \left(\frac{\partial y}{\partial x_i}\right)^2 u^2(x_i)} \qquad (0.3\text{-}21)$$

对于幂函数 $y = A x_1^a \cdot x_2^b \cdots x_m^k$，则合成标准不确定度为

$$u_C(y) = y\sqrt{\left(a\frac{u(x_1)}{x_1}\right)^2 + \left(b\frac{u(x_2)}{x_2}\right)^2 + \cdots + \left(k\frac{u(x_m)}{x_m}\right)^2} \qquad (0.3\text{-}22)$$

说明：

1) 上式中 $u(x_1)$，$u(x_2)$，$\cdots$，$u(x_m)$ 为多次测量的不确定度，也可为单次测量的不确定度。

2) x_1，x_2，$\cdots$，x_m 为多次直接测量的（算术）平均值，也可为单次直接测量值。

例如：在用单摆测量重力加速度实验中，通过对摆长 l 和 n 个周期的时间进行测量后，可由公式 $g = 4\pi^2\dfrac{n^2 l}{t^2}$ 计算出当地的重力加速度，则由式（0.3-21）得重力加速度的不确定度为

$$u(g) = g\sqrt{\left[\frac{u(l)}{l}\right]^2 + \left[2\frac{u(t)}{t}\right]^2}$$

3. 测量结果报道

$$Y = [y \pm u_C(y)](\text{单位}) \qquad (0.3\text{-}23)$$

或用相对不确定度 u_r，$u_r = u_C(y)/y$。

$$Y = y(1 \pm u_r)(\text{单位}) \qquad (0.3\text{-}24)$$

测量后，一定要计算不确定度，如果实验时间较少，不便于比较全面地计算不确定度时，对于偶然误差为主的测量情况，可以只计算 A 类标准不确定度并作为总的不确定度，略去 B 类不确定度；对于系统误差为主的测量情况，可以只计算 B 类不确定度并作为总的不确定度。

在计算 B 类不确定度时，如果查不到该类仪器的容许误差，可取 Δ 等于分度值，或某一估计值，但要注明。

表 0.3-3 列出了几种常用函数的合成标准不确定度传递公式、供同学们学习中使用。

表 0.3-3　几种常用函数的合成标准不确定度传递公式

基本函数 F 的具体形式	合成标准不确定度传递公式	
	合成标准不确定度 $u(F)$	合成相对标准不确定度 $u_r(F) = \dfrac{u(F)}{F}$
$x \pm y$	$\sqrt{u^2(x) + u^2(y)}$	$\sqrt{u^2(x) + u^2(y)}/(x \pm y)$
$x \cdot y^{\pm 1}$	$y^{\pm 1 - 1} \cdot \sqrt{y^2 \cdot u^2(x) + x^2 \cdot u^2(y)}$	$\sqrt{\left(\dfrac{u(x)}{x}\right)^2 + \left(\dfrac{u(y)}{y}\right)^2}$
$x^{n^{\pm 1}}$	$n^{\pm 1} \cdot x^{(n^{\pm 1} - 1)} \cdot u(x)$	$n^{\pm 1} \cdot u(x)/x$
$\ln x$	$u(x)/x$	$u(x)/(x \cdot \ln x)$
$\log x$	$[u(x)/x]/\ln 10$	$u(x)/(x \cdot \ln x)$
$\sin x$	$\cos x \cdot u(x)$	$\cot x \cdot u(x)$
$\cos x$	$\sin x \cdot u(x)$	$\tan x \cdot u(x)$
$\tan x$	$\sec^2 x \cdot u(x)$	$2u(x)/\sin 2x$

习　题　一

1. 举出5个直接测量的例子和所用的仪器；举出5个间接测量的例子和所用的仪器。

2. 用米尺测一物体的长度，将物体放在米尺的不同位置测出数值，数值间有稍许差异，试分析这种差异是偶然误差还是系统误差？为什么？

3. 某物体质量的测量值为：32.125g、32.116g、32.121g、32.124g、32.122g、32.122g。试求其算术平均值，标准不确定度A类评定，标准不确定度B类评定，并给出测量结果。

4. 有人用秒表测量单摆的周期，测一个周期为1.9s，测连续10个周期为19.3s，测100个周期为192.8s，在分析周期的误差时，他认为用的是同一块秒表，又都是单次测量，因此各次测得的周期不确定度均应取0.2s，你的看法如何？

0.4 有效数字

一个具体的测量过程总是或多或少地存在误差，因此，表达一个物理量的测量结果时不应随意取位，而是应正确反映测量所能提供的有效信息。一个物理量的数值就不能无限写下去，它与数学上表示的数值有区别。

例如，数学上 $1.35=1.350=1.3500=1.35000=\cdots$，而物理上 $1.35\neq1.350\neq1.3500\neq1.35000\neq\cdots$。

0.4.1 观测读数与记录数据时有效数字的确定

1. 有效数字的定义

测量结果中所有可靠数字加上末位的可疑数字统称为测量结果的有效数字。

例如，用直尺测量长度，可以从直尺上直接读出测量结果为26.35cm，8.23cm等，其中，"26.3"和"8.2"（mm和mm以上位）是直接读出的，称为可靠数字，最末一位的"0.05"和"0.03"（1/10mm位）则是从尺上最小刻度之间估计出来的，称为可疑数字，而1/10mm位以下的部分则是这种规格的尺子不可能读出的。

2. 有效数字的性质

有效数字的位数与仪器精度（最小分度值）有关，也与被测量的大小有关。若同一被测量用不同精度的仪器进行测量，那么测得结果的有效数字的位数是不同的。

例如：测量某物体的长度，用千分尺（最小分度值为0.01mm，$\Delta=0.004$mm）测量得4.834mm；用游标卡尺（最小分度值为0.02mm，$\Delta=0.02$mm）测量得4.84mm。

仪器的读数规则：（直接测量）

1) 仪器上显示的数字均为有效数字（包括最后一位误差所在位）。

2) 仪器出现整格数时（最后一位为"0"），此"0"也是有效数字；用以表示小数点位置的"0"不是有效数字；"0"在数字中间或数字后面都是有效数字，不能随意增减。例如：2.60cm、3.00cm后面的"0"不能随意增减。

选择不同单位也会出现数字"0",此时的"0"不能成为有效数字,必须采用科学表达式。

数值的科学表示法:用有效数字乘以 10 的幂指数的形式表示。

例如:138cm=$1.38×10^{-3}$mm;用米尺的测量值是 3.60cm,进行单位换算时应表示为 3.60cm=$3.60×10^{-2}$ m=$3.60×10^{4}$μm;用物理天平的测量值是 17.800g,进行单位换算时应表示为 17.800g=$17.800×10^{-3}$kg。

3) 分度式仪表读数:

一般读到最小分度值的 $\frac{1}{10}$、$\frac{1}{5}$ 或 $\frac{1}{2}$,由人眼分辨能力决定。

例如:米尺的最小分度值是 1mm,一般读到 1/10mm 即 0.01cm;安培计的最小分度值是 0.2A,一般读到 1/10~1/2,即 0.02~0.1A。

4) 测量结果的有效数字最终将取决于测量不确定度的大小,并遵从与测量不确定度末位取齐的原则。

例如:L=64.683cm,测量不确定度为 0.08cm,则 L=(64.68±0.08)cm。

5) 常数 2,3,1/2,1/3,$\sqrt{2}$,π 以及 e 等的有效数字是无限的。

0.4.2 运算结果的有效数字位数的确定

1) 用测量不确定度决定有效数字的位数,例如上述例子。

2) 计算后测量不确定度取位及修约法则:一般地,当测量次数 $n<10$ 时,不确定度只保留一位;除非当不确定度的首位是 1 或 2 时,可多保留一位,其余部分要舍去。只要舍去的部分不为零,在舍去的同时都要"进1"。

3) 近真值的有效数字遵从与测量不确定度末位取齐的原则,取舍办法按照"4 舍 6 入 5 凑偶"进行取舍。

4) 加减运算的有效数字位数的确定:以各分量中以有效数字的最后一位所在位数最高的,即不确定度最大的为准,其他各分量在运算过程中保留到它下面一位,最后仍与它取齐。

例如:$N=A+B+C-D$ 合成标准不确定度为

$$u_C(N) = \sqrt{[u_C(A)]^2 + [u_C(B)]^2 + [u_C(C)]^2 + [u_C(D)]^2}$$

标准相对不确定度为

$$u_r(N) = \frac{u_C(N)}{N} = \frac{\sqrt{[u_C(A)]^2 + [u_C(B)]^2 + [u_C(C)]^2 + [u_C(D)]^2}}{A+B+C-D}$$

这主要决定于 A、B、C、D 中不确定度的最大者,按有效数字的定义,即与有效数字最后一位的位数最高的那个数取齐。设 $A=5472.3$,$B=0.7536$,$C=1214$,$D=7.26$,则有效数字最后一位位数最高者是 C,即 C 的个位数已是可疑位。因此,N 的有效数字取至个位数(与 C 相同)即可。为了避免因中间运算造成"误差",上例中 A、B、C、D 均应保留到小数点后面一位(或暂不做截断,取原始数据计算),算出结果后再与 C 取齐,即

$$N = 5472.3 + 0.8 + 1214 - 7.3 = 6679.8$$

或 $N = 5472.3 + 0.7536 + 1214 - 7.26 = 6679.7936 \approx 6679.8$

5）乘除运算后的有效数字：

规定：对乘除法运算，以有效数字最少的输入量为准。

例如：$N = \dfrac{ABC}{D}$，合成标准相对不确定度为

$$u_r(N) = \dfrac{u_C(N)}{N} = \sqrt{\left[\dfrac{u_C(A)}{A}\right]^2 + \left[\dfrac{u_C(B)}{B}\right]^2 + \left[\dfrac{u_C(C)}{C}\right]^2 + \left[\dfrac{u(D)}{D}\right]^2}$$

合成标准不确定度为 $u_C(N) = N \cdot u_r(N)$。

若 $A = 80.5$，$B = 0.0014$，$C = 3.08326$，$D = 764.9$，则

$$N = \dfrac{80.5 \times 0.0014 \times 3.08326}{764.9} = \dfrac{0.347483402}{764.9} = 0.000454286 \approx 0.00045$$

应取 2 位有效数字（与有效数字最少的 B 相同）。

6）混合四则运算的有效数字：应按前原则按部就班地进行运算，并获得最后结果。

例如：$N = \dfrac{A}{B-C} + D = \dfrac{7.032}{5.709 - 5.702} + 31.54 = 1004.57 + 31.54 = 1.036 \times 10^3$

7）其他函数运算的有效数字：

一般处理原则：先在直接观测量的最后一位有效数字上取 1 个单位作为测量值的不确定度，再用微分求出间接量的不确定度所在位置，最后由它确定有效数字的位数。显然，这样给出的是函数有效位数的上限。

例 3 求 $\sqrt[20]{3.25}$。（20 是准确数字）

解 以 x 代表 3.25，将 $\sqrt[20]{3.25}$ 写成函数形式 $y = x^{1/n}$，有

$$y = x^{1/n} = 3.25^{1/20} = 1.060739$$

取 $u(x) = 0.01$ 得 $u(y) = \dfrac{1}{n} \cdot \dfrac{u(x)}{x} \cdot y = \dfrac{1}{20} \times \dfrac{0.01}{3.25} \times 3.25^{1/20} = 0.0001$。

说明 $u(y)$ 的可疑数字发生在小数点后面第 4 位，故 $y = 1.0607$，为 5 位有效数字。

习 题 二

1. 写出下列间接测定量误差的合成不确实度。

(1) $g = 4\pi^2 l/T^2$；(2) $E = 4Fl/(\pi d^2 \delta)$；(3) $V_0 = V_t/\sqrt{1+\alpha t}$，$\alpha$ 是常数。

2. 以 mm（毫米）为单位表示下列各值：1.58m，0.01m，2cm，3.0μm。

3. 按照有效数字的要求，指出下列数据记录中哪些有错误，并把它改正过来。

(1) 用米尺（最小分度为毫米）测得物体长度分别为：3.2cm，50cm，78.86cm，60.00cm，8.325cm，9.63cm。

(2) 用最小分度为 0.5℃ 的温度计测得温度为：68.50℃，31.4℃，100℃，14.73℃，25.623℃。

(3) 用最小分度为 0.05A 的安培计测得电流强度为：2.0A，1.45A，1.785A，1.601A，1.5376A。

4. 按有效数字运算规则，指出下列各式的运算结果应取几位有效数字。

(1) $99.3 \div 2.000^3 = $ ；　(2) $(25^2 + 943.0) \div 479.0 = $ ；　(3) $(6.87 + 8.43) \div (133.75 - 109.85) = $ 。

5. 已知 $G = 128\pi lI/[d^4(T_2^2 - T_1^2)]$，其中 $l = (8.323 \pm 0.005)$cm，$I = (3.305 \pm 0.009) \times 10^5$ g·cm^2，　$d = (1.012 \pm 0.003)$cm，$T_1 = (1.936 \pm 0.004)$s，　$T_2 = (4.190 \pm 0.004)$s。

(1) 试按有效数字运算规则确定结果的有效数字位数；
(2) 估算不确定度的有效数字位数。

0.5 物理实验数据处理的基本方法

实验数据的处理包含十分丰富的内容，例如：数据的记录、描绘，从带有误差的数据中提取参数，验证和寻找经验规律，外推实验数值等。本节结合物理实验的基本要求，介绍一些基本的实验数据处理方法。

0.5.1 列表法

列表法就是把数据按一定规律列成表格。这是在记录和处理实验数据时最常用的方法，又是其他数据处理方法的基础，应当熟练掌握。列表法的优点是对应关系清楚、简捷，有助于揭示数据之间的实验规律。

列表注意事项：

1) 在表格的标题栏中注明物理量的名称符号和单位。
2) 在表中的数据要正确反映测量结果的有效数字。注意：数据的原始记录应该直接记录读数。
3) 表格应提供与表格有关的说明和参数，包括表格名称、主要测量仪器的规格（型号、量程及准确度等级等）、有关的环境参数（如温度、湿度等）和其他需要引用的常量和物理量等。
4) 为了便于揭示或说明物理量之间的联系，可以根据需要增加除原始数据以外的处理结果。

列表举列：在室温 $t = 20$℃时，测量一弹簧长度 x 和所加负载质量 m 的变化关系，得如表 0.5-1 所示数据。

表 0.5-1　弹簧长度-负载质量关系　　　　　　　　室温 $t = 20$℃

m/g	0	3.0	6.0	9.0	12.0	15.0
x/cm	16.5	18.6	20.6	22.9	25.1	27.2

0.5.2 作图法

作图法就是把实验数据用自变量和因变量的关系作成曲线，以便反映它们之间的变化规律或函数关系。

作图的基本规则：

1) 有完整的原始数据并列成表格，注意名称、符号、单位及有效数字的规范使用。

2) 一定要用坐标纸作图。图纸的选择以不损失实验数据的有效数字和能包括全部实验点作为最低要求，因此，至少应保证坐标纸的最小分格（通常为1mm）以下的估计位与实验数据中最后一位数字对应。在某些情况下，例如图形过小，还要适当放大图，以便于观察，同时也有利于避免因作图而引入附加误差。

3) 选好坐标轴并标明有关物理量的名称（或符号）、单位和坐标分度值。坐标起点不一定通过原点，通常以曲线充满图纸，使全图比较美观（不要偏于一边或一角，对于直线，其倾角斜率最好在 40°～50°之间）为原则。分度比例要选择得当，一般取 1，2，5，10，…较好，以便于换算和描点。

4) 实验数据点以 ＋、×、□、⊙、△ 等符号标出，不同曲线用不同的符号。一般不用细圆点"·"标示实验点（容易与图纸本身的缺陷如尘埃、斑点相混淆或被拟合曲线所掩盖）。用直尺或曲线板把数据点连成直线或光滑曲线。作曲线时应反映出实验的总趋势，不必强求曲线通过全部数据点，但应使实验点匀称地分布于曲线两侧。

5) 求直线图形的斜率和截距。

对于线性方程 $y=a+bx$，可从图线中求出其斜率和截距，如图 0.5-1 所示。

① 斜率：

$$b=\frac{y_2-y_1}{x_2-x_1} \qquad (0.5-1)$$

② 截距：

方法一：由 $y=a+bx$ 得 a 为 $x=0$ 时的值，即截距（可直接由图线求）。

方法二：当 x 轴的原点不在图上或要用延长线（有偏差）时，从图上另外再找 $P_3(x_3,y_3)$ 点，由点斜式得

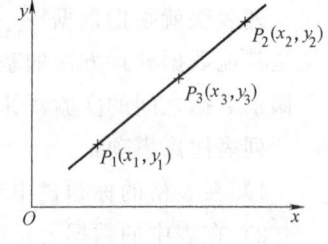

图 0.5-1 实验图线

$$a=y_3-\frac{y_2-y_1}{x_2-x_1}x_3 \qquad (0.5-2)$$

取点的原则：从拟合的直线上取点（为利用直线的平均效果，不取实验数据点）；所取点的坐标应在图上用符号标出，如图 0.5-2 所示，"×"表示实验数据点，"△"表示在直线上取的点。

6) 曲线改直线：有些物理量之间虽然没有线性关系，但能通过适当的变换将函数形式改成直线。这时就可以用直线代替对曲线的研究。它的好处是对直线的判断和参数提取比曲线要方便得多。

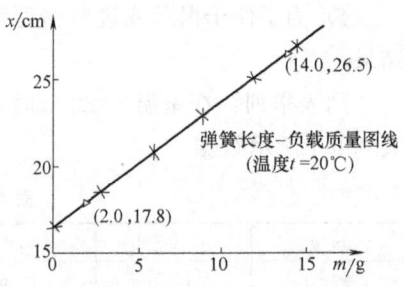

图 0.5-2 弹簧长度-负载质量图线

作图举例：根据表 0.5-1 数据作图，得弹簧长度-负载质量图线如图 0.5-2 所示。

弹簧伸长与负载质量的关系求弹簧的劲度系数 k。由虎克定律 $F=k(x-x_0)=mg$，得

$b=g/k$。在直线上取 (14.0, 26.5) 和 (2.0, 17.8) 两点，得

$$b=\frac{26.5-17.8}{14.0-2.0}\text{cm/g}=0.725\text{cm/g}$$

$$k=\frac{g}{b}=1.352\text{N/m}$$

根据图线的斜率和截距求物理公式中未知量的方法误差较大，因为图线的描点、画线、坐标图纸的不均匀性等会引入新的误差，所以说这是一种粗略的计算方法。

0.5.3 逐差法

设自变量和因变量之间存在线性关系 $y=a+bx$，则可用一次逐差法处理数据来求 a 和 b。

所谓"逐差"就是将自变量按递增（或递减）顺序排列的函数值逐项相减求差。如已测得几组数据 (x_1,y_2)，(x_2,y_2)，…，(x_i,y_i)，则按如下步骤处理数据：

1. 逐差求斜率 $\bar{b}$

逐一将序差相同的对应项相减消去系数 a，求出多个 b 值，得

$$b_i=\frac{\Delta y_i}{\Delta x_i}=\frac{y_{i+j}-y_i}{x_{i+j}-x_i} \quad (i=1,2,3,\cdots,n-j) \tag{0.5-3}$$

式中，i 为数据序号；j 为序号差。再求出 b_i 的平均值

$$\bar{b}=\frac{1}{n-j}\sum_{i=1}^{n-j}b_i \tag{0.5-4}$$

2. 求截距 $\bar{a}$

在求得 x 的平均值 $\bar{x}=\frac{1}{n}\sum_{i=1}^{n}x_i$ 和 y 的平均值 $\bar{y}=\frac{1}{n}\sum_{i=1}^{n}y_i$ 后，代入截距公式

$$\bar{a}=\bar{y}-\bar{b}\,\bar{x} \tag{0.5-5}$$

即可求得 $\bar{a}$。

通常，自变量的数值最好取等间隔的，而且为了使测量数据得到最充分的利用，总是将数据分为前后两组，$(j=n/2)$。

3. 不确定度的估算

斜率 $\bar{b}$ 的标准偏差：$s(\bar{b})=\sqrt{\sum_{i=1}^{n/2}(b_i-\bar{b})^2\Big/\frac{n}{2}\left(\frac{n}{2}-1\right)}$

截距 $\bar{a}$ 的标准偏差：$s(\bar{a})=\sqrt{S^2(\bar{y})+[\bar{x}\cdot S(\bar{b})]^2}$

$$=\sqrt{\left[\frac{\sum(y_i-\bar{y})^2}{n(n-1)}\right]^2+\bar{x}^2\cdot\left[\sum_{i=1}^{n/2}(b_i-\bar{b})^2\Big/\left[\frac{n}{2}\left(\frac{n}{2}-1\right)\right]\right]^2}$$

$$u(\bar{a})\approx s(\bar{a})=\sqrt{\left[\frac{\sum(y_i-\bar{y})^2}{n(n-1)}\right]^2+\bar{x}^2\cdot\left[\sum_{i=1}^{n/2}(b_i-\bar{b})^2\Big/\left[\frac{n}{2}\left(\frac{n}{2}-1\right)\right]\right]^2}$$

$$u(\bar{b})\approx s(\bar{b})=\sqrt{\sum_{i=1}^{n/2}(b_i-\bar{b})^2\Big/\frac{n}{2}\left(\frac{n}{2}-1\right)}$$

例如：用逐差法处理表 0.5-2 中的数据时，$n=6$，$j=3$，

$$b_1=\frac{22.9-16.5}{9.0-0}\text{cm}\cdot\text{g}^{-1}=0.711\text{cm}\cdot\text{g}^{-1}; \quad b_2=\frac{25.1-18.6}{12.0-3.0}\text{cm}\cdot\text{g}^{-1}=0.722\text{cm}\cdot\text{g}^{-1};$$

$$b_3=\frac{27.2-20.6}{15.0-6.0}\text{cm}\cdot\text{g}^{-1}=0.733\text{cm}\cdot\text{g}^{-1}。$$

则斜率的平均值为

$$b=\frac{(0.711+0.722+0.733)}{3}\text{cm}\cdot\text{g}^{-1}=0.722\text{cm}\cdot\text{g}^{-1}$$

$$u(\bar{b})\approx S(\bar{b})=\sqrt{\sum_{i=1}^{n/2}(b_i-\bar{b})^2\bigg/\frac{n}{2}\left(\frac{n}{2}-1\right)}=0.0064\text{cm}\cdot\text{g}^{-1}$$

$$b=(0.722\pm 0.007)\text{cm}\cdot\text{g}^{-1}$$

倔强系数为

$$k=\frac{1}{b}=\frac{1}{0.722}\text{g}\cdot\text{cm}^{-1}=\frac{9.8}{7.22}\text{N}\cdot\text{m}^{-1}=1.35734\text{N}\cdot\text{m}^{-1}$$

$$u(k)\approx u(\bar{b})/b^2=0.012277\text{g}\cdot\text{cm}^{-1}=0.01203\text{N}\cdot\text{m}^{-1}$$

$$k=(1.357\pm 0.013)\text{N}\cdot\text{m}^{-1}$$

习 题 三

1. 弹簧自然长度 $l_0=10.00\text{cm}$，以后依次增加砝码 10g，测得长度依次为 10.81cm，11.60cm，12.43cm，13.22cm，14.83cm，15.62cm。试按列表法要求将原始数据列表并验证虎克定律 $F=-kx$。

2. 在阻尼振动实验中，每隔 1/2 周期（周期 $T=2.56\text{s}$），测得振幅 A 的数据如表 0.5-2 所示。

表 0.5-2　半周期数与其对应的振幅 A 的数据记录表

半周期数	1	2	3	4	5	6
A/div	60.0	31.0	15.0	8.0	4.2	2.2

试用作图法验证此阻尼振动满足指数衰减规律，并求出衰减系数。

0.6 物理实验报告范例

物理实验报告

实验代码及名称　　　　实验四　用伸长法测量金属丝的弹性模量　　　　

所在院系 理学院物理系　班级　　　　　　学号　　　　　　姓名　　　　　　

实验日期　2018 年 4 月 19 日　实验时段　星期一（6～9）　同组人　　　　　

实验选课教师　　　　　　教学班序号　　　　　　课号

【实验目的】

1. 掌握不同长度测量仪器用具的使用,掌握用光杠杆测量微小长度的原理和调节方法。
2. 学会用拉伸法测量金属丝的弹性模量。
3. 学习用逐差法、作图法处理实验数据。

【实验仪器】

弹性模量(亦称杨氏模量)测定仪、光杠杆测微系统、待测金属丝、游标卡尺($\Delta=0.02$mm)、千分尺($\Delta=0.004$mm)、有机直尺($\Delta=0.5$mm)、钢卷尺($0\sim50$cm,$\Delta=0.5$mm;$0\sim100$cm,$\Delta=0.8$mm;$0\sim200$cm,$\Delta=1.2$mm)、水平尺、气泡水准仪、砝码($\Delta=0.020$kg)等。

【实验原理】

根据胡克定律,在弹性限度内,当长为 l、截面积为 S、直径为 d 的金属丝受到拉力 F 作用时,将伸长 Δl,则有

$$\frac{F}{S}=E\frac{\Delta l}{l} \Rightarrow E=\frac{4F}{\pi d^2}\cdot\frac{l}{\Delta l}$$

式中,E 称为弹性模量,其大小由材料的性质而定。因为 Δl 很小,所以利用光杠杆测微方法进行测量,如图 0.6-1 所示。

依据光杠杆测微原理,有

$$\Delta l=\frac{D_1}{2D_2}\cdot\Delta s \Rightarrow E=\frac{4F}{\pi d^2}\cdot\frac{2D_2 l}{D_1\cdot\Delta s}\Rightarrow E=\frac{8D_2 l}{\pi d^2 D_1}\cdot\frac{\Delta F}{\Delta s}$$

式中,D_1 为光杠杆短臂长(即后足尖到两前足尖连线的距离);D_2 为光杠杆长臂长(即光杠杆镜面到标尺面的距离);Δs 为拉力改变 ΔF 时光杠杆长臂末端的位移。

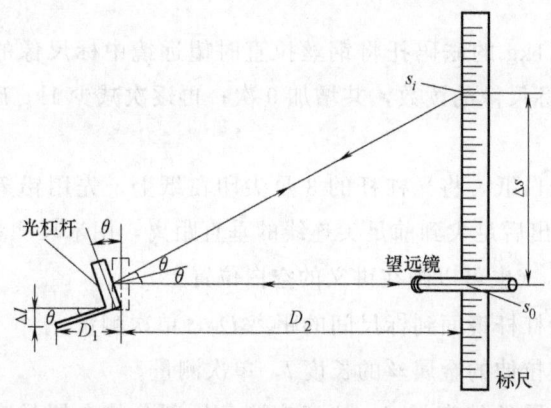

图 0.6-1 光杠杆测微原理

【实验步骤】

1. 调节弹性模量测定仪支架成铅直状态。
2. 调节光杠杆和望远镜。

粗调：如图 0.6-2 所示，先将光杠杆正确地放置于平台上，并调节镜面使之成铅直状态。再调节望远镜的高度，使其镜筒轴心线与光杠杆镜面中心等高，移动望远镜，使标尺与望远镜几乎对称地位于反射镜的两侧。然后利用望远镜上的瞄准器，使望远镜对准反射镜，调节镜面为铅直状态，以便能通过望远镜的镜筒上方从反射镜中看到标尺像。

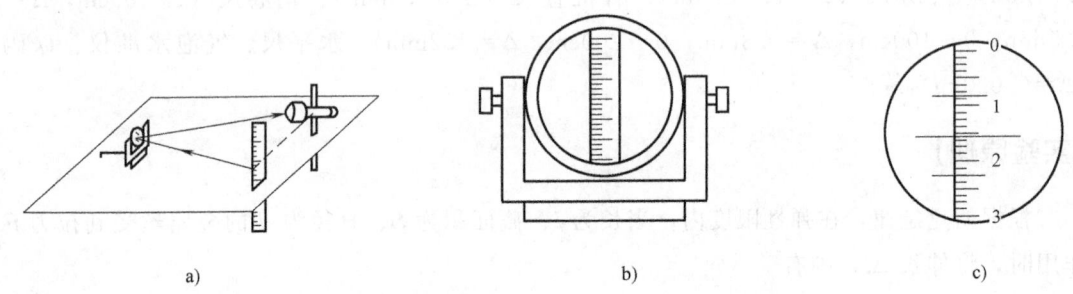

图 0.6-2 仪器调节图示

细调：从望远镜中观察，旋转目镜直到看清楚叉丝，然后调节镜筒中部的调焦螺旋钮，以改变组合物镜的焦距，直到能清楚地看到标尺刻度线的像。调节镜筒下面的镜筒轴心线调节螺钉，要能清楚地看到标尺像的中点与叉丝中点尽量重合。仔细调节目镜和调焦螺旋钮，使标尺像与叉丝共面（此刻若眼睛略微上下移动，标尺像与叉丝没有相对移动）。通过仔细调节光杠杆镜面的铅直状态，使从望远镜叉丝的水平丝处读出的第一个读数处于标尺上与望远镜镜筒轴心线等高的位置。

3. 测量 $F_i \rightarrow s_i$。

先读出在质量约为 1kg 的砝码托将钢丝拉直时望远镜中标尺像的读数。然后逐次增加 1kg 砝码，记下相应的标尺像的读数，共增加 9 次；再逐次减少 1kg 砝码，反向操作，重复以上操作两次。

4. 在桌面上放一张白纸，将光杠杆的 3 足尖印在纸上，先用铅笔和直尺画一条直线将两前足尖连起来，再画出后足尖到前足尖连线的垂直距离，用米尺测量光杠杆后足尖到两前足尖连线的垂直距离 D_1（也可以画在讲义的空白位置上）。

5. 用钢卷尺测量光杠杆镜面到标尺间的距离 D_2，单次测量。

6. 用钢卷尺测量被拉伸的金属丝的长度 l，单次测量。

7. 用千分尺测量金属丝的直径 d。注意应测备用部分的金属丝直径，而不要直接测量被拉伸部分的金属丝直径，而且要多次测量，读出并记录下螺旋测微计的零点读数。

第 0 章 绪　　论

【实验数据、数据处理及讨论】（实验报告单不够时可以另外加同样的纸附在后面）

1. 记录和计算在不同砝码（即不同拉力 F_i）时标尺像的读数 s_i 以及金属丝微小伸长量变化的数据（见表 0.6-1）

表 0.6-1　不同砝码时标尺像的读数 s_i 以及金属丝微小伸长量变化的数据记录

砝码/kg	砝码改变时标尺像的读数 s_i/cm					砝码为 5kg 时标尺像的读数差 y/cm	砝码每改变 1kg 时标尺像的读数差 y/cm
	F 增加	F 减少	F 增加	F 减少	相同 F 时的平均值		
0	0.90	0.85	0.85	0.89	0.8725	3.0225	—
1	1.49	1.46	1.41	1.47	1.4575		0.585
2	2.10	2.19	2.10	2.15	2.135	3.07	1.2625
3	2.69	2.74	2.70	2.74	2.7175		1.845
4	3.33	3.40	3.31	3.38	3.355	2.9475	2.4825
5	3.90	3.95	3.91	3.92	3.895		3.0225
6	4.44	4.59	4.49	4.59	4.5275	3.025	3.655
7	5.10	5.11	5.06	5.06	5.0825		4.21
8	5.69	5.79	5.70	5.79	5.7425	2.9725	4.87
9	6.26	6.39	6.30	6.35	6.3275		5.455
10	6.83	6.83	6.85	6.85	6.84	平均 3.0075	5.9675

2. 光杠杆 D_1、D_2 和金属丝 d、l 的测量记录和计算（见表 0.6-2）

表 0.6-2　光杠杆 D_1、D_2 和金属丝 d、l 的测量记录表

千分尺的零点读数 $d_0=0.022$mm　　　　　　仪器允差 $\Delta_仪$

次数	1	2	3	4	5	6	7	8	平均值	$\Delta_仪$
d/mm	0.642	0.645	0.647	0.641	0.639	0.641	0.644	0.643	0.64275	0.004
D_1/cm		6.94			测量的估计误差 $\Delta_估=0.05$				—	0.05
D_2/cm		169.45			测量的估计误差 $\Delta_估=0.5$				—	0.12
l/cm		72.82			测量的估计误差 $\Delta_估=0.3$				—	0.08

$\bar{d}=(0.642+0.645+0.647+0.641+0.639+0.641+0.644+0.643)\div 8\,\text{mm}=0.64275\,\text{mm}$

$u_A(d)=\sqrt{\dfrac{\sum\limits_{i=1}^{8}(d_i-\bar{d})^2}{8\times 7}}$

$=\sqrt{\dfrac{(0.642-0.64275)^2+(0.645-0.64275)^2+(0.647-0.64275)^2+(0.641-0.64275)^2+(0.639-0.64275)^2+(0.641-0.64275)^2+(0.644-0.64275)^2+(0.643-0.64275)^2}{8\times 7}}\,\text{mm}$

$=0.000901388\,\text{mm}$

$u_B(d)=\dfrac{0.004\,\text{mm}}{\sqrt{3}}=0.0023094\,\text{mm}$

$u_C(d)=\sqrt{u_A^2(d)+u_B^2(d)}=\sqrt{0.000901388^2+0.0023094^2}\,\text{mm}=0.002479079\,\text{mm}\approx 0.002479\,\text{mm}$

$u_C(D_1)=\sqrt{u_{B1}^2(D_1)+u_{B2}^2(D_1)}=\sqrt{\left(\dfrac{\Delta_估(D_1)}{\sqrt{3}}\right)^2+\left(\dfrac{\Delta_仪(D_1)}{\sqrt{3}}\right)^2}$

$$= \sqrt{\left(\frac{0.05\text{cm}}{\sqrt{3}}\right)^2 + \left(\frac{0.05\text{cm}}{\sqrt{3}}\right)^2} = 0.040824829\text{cm} \approx 0.0409\text{cm}$$

$$u_C(D_2) = \sqrt{u_{B1}^2(D_2) + u_{B2}^2(D_2)} = \sqrt{\left(\frac{\Delta_{\text{估}}(D_2)}{\sqrt{3}}\right)^2 + \left(\frac{\Delta_{\text{仪}}(D_2)}{\sqrt{3}}\right)^2}$$

$$= \sqrt{\left(\frac{0.5\text{cm}}{\sqrt{3}}\right)^2 + \left(\frac{0.12\text{cm}}{\sqrt{3}}\right)^2} = 0.296872587\text{cm} \approx 0.2969\text{cm}$$

$$u_C(l) = \sqrt{u_{B1}^2(l) + u_{B2}^2(l)} = \sqrt{\left(\frac{\Delta_{\text{估}}(l)}{\sqrt{3}}\right)^2 + \left(\frac{\Delta_{\text{仪}}(l)}{\sqrt{3}}\right)^2}$$

$$= \sqrt{\left(\frac{0.3\text{cm}}{\sqrt{3}}\right)^2 + \left(\frac{0.08\text{cm}}{\sqrt{3}}\right)^2} = 0.179257728\text{cm} \approx 0.1793\text{cm}$$

$$u_C(m) \approx u_B(m) = \sqrt{\left(\frac{0.020\text{kg}}{\sqrt{3}}\right)^2 + \left(\frac{0.020\text{kg}}{\sqrt{3}}\right)^2 + \left(\frac{0.020\text{kg}}{\sqrt{3}}\right)^2} = 0.020\text{kg}$$

数据处理方法一：（采用逐差法处理数据）拉力为5kg时标尺像的读数差为

$$\overline{y} = \overline{\Delta s} = (3.0225 + 3.07 + 2.9475 + 3.025 + 2.9725) \div 5\text{cm} = 3.0075\text{cm}$$

$$u_A(y) = \sqrt{\frac{\sum_{i=1}^{5}(y_i - \overline{y})^2}{5 \times 4}}$$

$$= \sqrt{\frac{(3.0225-3.0075)^2 + (3.07-3.0075)^2 + (2.9475-3.0075)^2 + (3.025-3.0075)^2 + (2.9725-3.0075)^2}{5 \times 4}}\text{cm}$$

$$= 0.021727455\text{cm}$$

$$u_B(y) = \frac{0.01\text{cm}}{\sqrt{3}} = 0.005773502\text{cm}$$

$$u_C(y) = \sqrt{u_A^2(y) + u_B^2(y)} = \sqrt{0.021727455^2 + 0.005773502^2}\text{cm}$$

$$= 0.02248145\text{cm} \approx 0.02249\text{cm}$$

$$E = \frac{8D_2 l}{\pi d^2 D_1} \cdot \frac{F}{\Delta s} = \frac{8D_2 l}{\pi d^2 D_1} \cdot \frac{mg}{y}$$

$$= \frac{8 \times 169.45 \times 10^{-2} \times 72.82 \times 10^{-2} \times 5 \times 9.8}{3.14159 \times [(0.64275-0.022) \times 10^{-3}]^2 \times 6.94 \times 10^{-2} \times 3.0075 \times 10^{-2}}\text{N/m}^2$$

$$= 1.914389246 \times 10^{11}\text{N/m}^2$$

$$\frac{u(E)}{E} = \sqrt{\left[\frac{u(D_2)}{D_2}\right]^2 + \left[\frac{u(l)}{l}\right]^2 + \left[\frac{u(m)}{m}\right]^2 + \left[\frac{u(D_1)}{D_1}\right]^2 + \left[2\frac{u(d)}{d}\right]^2 + \left[\frac{u(y)}{y}\right]^2}$$

$$= \sqrt{\left[\frac{0.2969}{169.45}\right]^2 + \left[\frac{0.1793}{72.82}\right]^2 + \left[\frac{0.02}{5}\right]^2 + \left[\frac{0.0409}{6.94}\right]^2 + \left[2 \times \frac{0.002479}{0.62075}\right]^2 + \left[\frac{0.02249}{3.0075}\right]^2}$$

$$= \sqrt{[0.001752]^2 + [0.002462]^2 + [0.004]^2 + [0.005893]^2 + [2 \times 0.003994]^2 + [0.007475]^2}$$

$$= 0.013399334$$

$$u(E) = E \cdot \frac{u(E)}{E} = 1.914389246 \times 10^{11} \times 0.013399334 = 0.02565 \times 10^{11}\text{N/m}^2$$

测量结果表示为：$\begin{cases} E=(1.914\pm0.026)\times10^{11}\,\text{N/m}^2\,(P=0.68) \\ \dfrac{u(E)}{E}=1.4\% \end{cases}$

数据处理方法二：采用图解法处理数据。砝码每增加 1kg 时标尺像的读数差如表 0.6-3 所示，砝码每改变 1kg 时标尺像的读数差的变化关系如图 0.6-3 所示。

表 0.6-3 砝码每增加 1kg 时标尺像的读数差 y_i

拉力 $F_i=m_ig$/kg·f	砝码每改变 1kg 时标尺像的读数差 y_i/cm
0	—
1	0.585
2	1.2625
3	1.845
4	2.4825
5	3.0225
6	3.655
7	4.21
8	4.87
9	5.455
10	5.9675

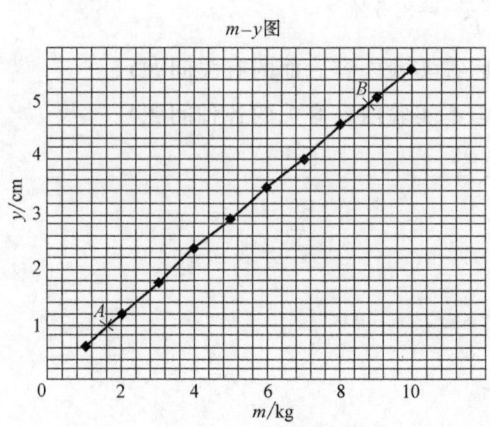

图 0.6-3 砝码每改变 1kg 时标尺像的读数差 y_i（cm）的变化图

用表 0.6-3 中的数据作 m-y 图如图 0.6-3 所示，从 m-y 图中取两点 $A(1.60,1.00)$，$B(8.80,5.00)$；$\Delta_m=0.10$kg，$\Delta_y=0.10$cm 直线的斜率为

$$k=\frac{y_B-y_A}{m_B-m_A}=\frac{5.00\text{cm}-1.00\text{cm}}{8.80\text{kg}-1.60\text{kg}}=0.555555555\text{cm/kg}$$

$$\frac{u(k)}{k} = \sqrt{\left[\frac{u(y_B - y_A)}{y_B - y_A}\right]^2 + \left[\frac{u(m_B - m_A)}{m_B - m_A}\right]^2} = \sqrt{\left[\frac{u(y_B) + u(y_A)}{y_B - y_A}\right]^2 + \left[\frac{u(m_B) + u(m_A)}{m_B - m_A}\right]^2}$$

$$= \sqrt{\left[\frac{2u(y)}{y_B - y_A}\right]^2 + \left[\frac{2u(m)}{m_B - m_A}\right]^2} = \sqrt{\left[\frac{2 \times (\Delta_y/\sqrt{3})}{y_B - y_A}\right]^2 + \left[\frac{2 \times (\Delta_m/\sqrt{3})}{m_B - m_A}\right]^2}$$

$$= \sqrt{\left[\frac{2 \times (0.10/\sqrt{3})}{5.00 - 1.00}\right]^2 + \left[\frac{2 \times (0.10/\sqrt{3})}{8.80 - 1.60}\right]^2} = \sqrt{[0.028867513]^2 + [0.016037507]^2}$$

$$= 0.033023248$$

$$E = \frac{8 D_2 l}{\pi d^2 D_1} \cdot \frac{F}{\Delta s} = \frac{8 D_2 l}{\pi d^2 D_1} \cdot \frac{mg}{y} = \frac{8 D_2 l}{\pi d^2 D_1} \cdot \frac{g}{k}$$

$$= \frac{8 \times 169.45 \times 10^{-2} \times 72.82 \times 10^{-2} \times 9.8}{3.14159 \times [(0.64275 - 0.022) \times 10^{-3}]^2 \times 6.94 \times 10^{-2} \times 0.555555555 \times 10^{-2}} \text{N/m}^2$$

$$= 2.072709239 \times 10^{11} \text{N/m}^2$$

$$\frac{u(E)}{E} = \sqrt{\left[\frac{u(D_2)}{D_2}\right]^2 + \left[\frac{u(l)}{l}\right]^2 + \left[\frac{u(D_1)}{D_1}\right]^2 + \left[2\frac{u(d)}{d}\right]^2 + \left[\frac{u(k)}{k}\right]^2}$$

$$= \sqrt{\left[\frac{0.2969}{169.45}\right]^2 + \left[\frac{0.1793}{72.82}\right]^2 + \left[\frac{0.0409}{6.94}\right]^2 + \left[2 \times \frac{0.002479}{0.62075}\right]^2 + [0.033023248]^2}$$

$$= \sqrt{[0.001752]^2 + [0.002462]^2 + [0.005893]^2 + [2 \times 0.003994]^2 + [0.033023248]^2}$$

$$= 0.034615097$$

$$u(E) = E \cdot \frac{u(E)}{E} = 2.072709239 \times 10^{11} \times 0.034615097 = 0.071747032 \times 10^{11} \text{N/m}^2$$

测量结果表示为：$\begin{cases} E = (2.07 \pm 0.08) \times 10^{11} \text{N/m}^2 (P = 0.68) \\ \dfrac{u(E)}{E} = 3.5\% \end{cases}$

回答问题：略（可以回答实验内容后面的有关问题）。

讨论：略（可以讨论与本实验内容有关的各种问题）。

第1章 力学实验

实验 1.1 长度与体积的测量

【实验目的】

1. 掌握游标、螺旋测微原理。
2. 学会游标卡尺、千分尺（也叫螺旋测微计）、读数显微镜的正确使用方法。
3. 练习多次等精度测量标准不确定度的估算方法和测量结果表示。

【实验仪器】

游标卡尺、千分尺、读数显微镜、小钢球、米尺、圆管、毛细管等。

【仪器介绍】

1. 游标卡尺

游标卡尺又称游标尺，是一种具有较高精度的长度测量常用仪器，可用来测量物体的长度、深度和内外直径，其精度有 0.1mm，0.05mm 和 0.02mm 三种。对于测量范围在 300mm 以内的游标卡尺，计量规程规定其示值误差限的绝对值 Δ 等于其分度值。

（1）结构　游标卡尺由尺身 AB 和可在尺身上滑动的游标 CD 组成，如图 1.1-1 所示。尺身上有两个固定钳口 E、e 和游标上的两个固定钳口 F、f，分别构成外量爪 EF 和内量爪 ef。G 为固定螺钉，H 为滑动推柄，J 为探尺。

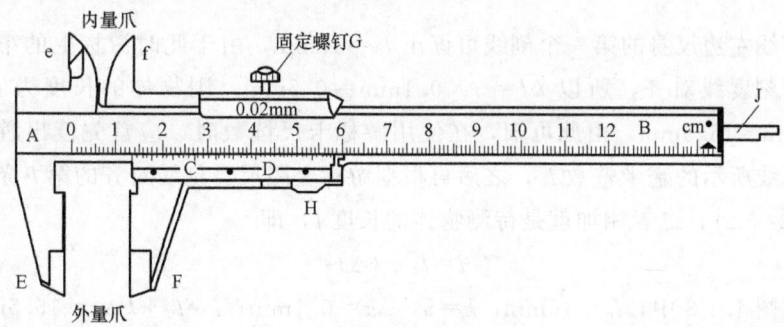

图 1.1-1　游标卡尺的构造

（2）测量原理　利用尺身和游标上每一分度之差，使测量进一步精确，此种方法称为差示法。一般来说，游标都是将尺身的 ($n-1$) 个分度分成 n 等分，称为 n 分游标。如设尺身

的最小分度长为 y，游标分度长为 x，则有 $x=\dfrac{n-1}{n}y$，因而尺身分度与游标分度之差为

$$\delta=y-x=y-\dfrac{n-1}{n}y=\dfrac{y}{n} \tag{1.1-1}$$

δ 称为游标卡尺的精度（或最小分度值）。如果尺身最小分度是 1mm，游标分格数 $n=10$，则游标的精密度为 $\delta=\dfrac{y}{n}=0.1$mm（如果游标分度数 n 等于 20 或 50，则游标的精度分别为 0.05mm 或 0.02mm）。

如图 1.1-2 所示，当尺身零线与游标零线对齐时，游标第一条刻线与尺身第一条刻线相差 0.1mm，游标第二条刻线与尺身第二条刻线相差 0.2mm，依次类推，游标第九条刻线与尺身第九条刻线相差 0.9mm。同样，如果游标零线和尺身零线间距离为 0.1mm，则游标的第一条刻线与尺身刻线刚好对齐，而游标的其他刻线均没有与尺身刻线对齐；如果零线间距离为 0.2mm，则游标第二条刻线与尺身刻线刚好对齐，而其他刻线均没有对齐……反过来讲，如果游标的第一条刻线与尺身第一条刻线对齐，则游标零线和尺身零线间的距离为 0.1mm……

通常，当游标卡尺量爪合拢时，游标零线与尺身零线刚好对齐，所以用游标卡尺测量时，被测量物体的长度就等于尺身零线到游标零线的距离。如图 1.1-3 所示，用 10 分游标测量物体长度，由游标零线的位置可知物体的长度 $l=l_0+\Delta L$。

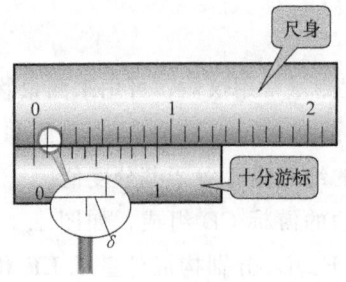
图 1.1-2 十分游标结构

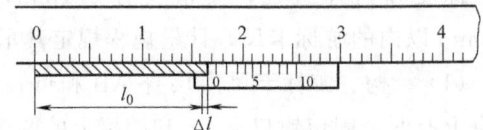
图 1.1-3 十分游标测量示意图

由游标零线左边尺身的第一个刻线可读出 $l_0=16$mm，由于此时游标上的第 5 条刻线正好和尺身上的刻度线对齐，所以 $\Delta l=5\times 0.1$mm$=0.5$mm，则物体的长度为 $l=l_0+\Delta l=16$mm$+0.5$mm$=16.5$mm。由此可知，在使用游标卡尺读数时，应首先读出游标零线左边尺身第一刻度线所示的毫米整数 l_0，之后再根据游标上跟尺身刻线对齐的第 k 条线，读出不足 1mm 的小数 $k\Delta x$，二者相加就是待测物体的长度 l，即

$$l=l_0+k\Delta x \tag{1.1-2}$$

例如，在图 1.1-3 中，$l_0=16$mm，$k=5$，$\Delta x=0.1$mm，$l=l_0+k\Delta x=16.5$mm。

（3）使用方法　检查零点。拧开固定螺钉 G，推动滑动游标螺柄 H，使钳口 E、F 合拢，此时游标的零线应与尺身零线刻度对齐，如果两零线刻度未对齐，则应记下零点读数 l_2（l_2 可能是正的，也可能是负的），修正时应从未做零点修正的读数值 l_1 中减去 l_2，即待测量 $l=l_1-l_2$。测量时，用量爪卡住物体并拧紧旋扭 G（或者保持物体在量爪之间不动），按前

述方法读出测量数值。探尺 J 可用来测量深度，其读数方法不变。

2. 千分尺

千分尺又叫螺旋测微计。图 1.1-4 所示为一种常见的千分尺，其量程为 0~25mm，测量精度为 0.01mm，即 1/1000cm，故称为千分尺。测量时能估读到 0.001mm，其示值误差限的绝对值 $|\Delta|=0.004$mm。

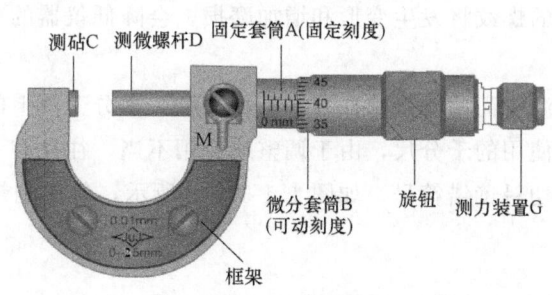

图 1.1-4 千分尺的构造

（1）结构　如图 1.1-4 所示。固定套筒 A、测砧 C 及锁紧装置 M 固定在一起。微分套筒 B、测力装置 G 均位于测微螺杆 D 上。固定套筒内壁有阴螺纹，测微螺杆的一部分有阳螺纹，微分套筒在固定套筒上，它们之间通过测微螺杆尾部的测力装置相联系。

（2）测量原理　千分尺固定套筒内壁的螺距通常是 0.05mm，微分套筒的周长等分为 50 个刻度，当微分套筒转过一周，即转过 50 个刻度时，微分套筒与测微螺杆同时前进（或后退）0.5mm。同样，当微分套筒转过一个刻度时，微分套筒和测微螺杆同时移动了 $0.5/50=0.01$mm（即 1 "丝"），因此借助螺旋的转动，就可由微分套筒转过的刻度确定测微螺杆移动的微小长度。由于微分套筒转两周，测微螺杆和微分套筒才移动 1mm，所以在固定套筒上除模线（千分尺固定套筒上分度线中间的那条长线）的一侧有整数毫米数刻度线外，在模线的另一侧还标有半毫米刻度线，即固定套筒上的最小分度值为半毫米。千分尺的读数方法与游标卡尺类似，也分为两步：第一，从微分套筒的周缘在固定套筒上的位置读出半毫米的整格数；第二，从固定套筒上的横线所对微分套筒的格数（可估读到一格的 1/10），读出小于半毫米的小数，二者相加就是待测物体的测量值。如图 1.1-5a、b、c、d 的读数分别为 4.186mm、4.686mm、-0.012mm 和 +0.017mm。

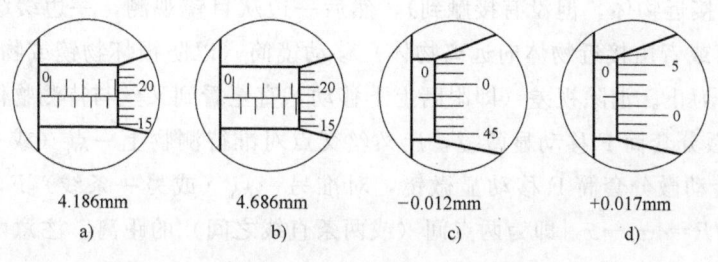

图 1.1-5 千分尺读数示意图

（3）使用方法　放松锁紧装置，旋转微分套筒上的滚花部分，在测微螺杆接近测砧（或待测物）但还没有接触时，再用力均匀缓慢地旋转测力装置，直到听到"咔、咔"的响声为止。这时微分套管不再转动，测微螺杆也停止前进，即可读数。设置测力装置可保证每次的测量条件（对被测物体的压力）一定，并能保护千分尺的精密螺纹。不使用测力装置而直接转动微分套筒去卡住物体时，会由于对被测物体的压力不稳定而测不准。另外，如果不使用测力装置，测微螺杆上的螺纹将发生变形和增加磨损，会降低仪器的准确度，这是使用千分尺时必须注意的问题。

检查零点：不夹被测物而使测微螺杆和测砧相接触，微分套筒上的零线应刚好与固定套筒上的横线对齐。实际使用的千分尺，由于调整或使用不当，往往有一个不等于零的零点读数值，此值有正有负，切忌读错符号，如图1.1-5c、d所示，每次测量后，要从测量值的平均值中减去零点读数值。

3. 读数显微镜

读数显微镜又称测量显微镜，是将测微螺旋（或游标）装置和显微镜组合而成的仪器，可精确测量不能用夹持量具（如千分尺等）测量的微小长度，如毛细管内径、材料的形变长度和光栅常数等。它的测量精度与所用测微螺旋（或游标）相同，其示值误差限的绝对值 $\Delta_{仪}$ 与所用测微螺旋（或游标）精度相同。

（1）结构　如图1.1-6所示，它是由一个能够自由移动的显微镜和千分尺组合而成。A为显微镜的目镜，B为物镜，C为是显微镜调节螺钉，E为毫米标尺（即尺身），F为螺旋测微标尺（微分套筒），其测微螺距为1mm，微分套筒周长等分为100个刻度，每转一格显微镜移动0.01mm。G为换向插孔，可使显微镜对准前方或下方，H为固定螺母，D为滑动台。

读数显微镜读数的原理与所用游标卡尺或千分尺类同（毫米整数从E上读出，毫米以下数值从F上读出）。

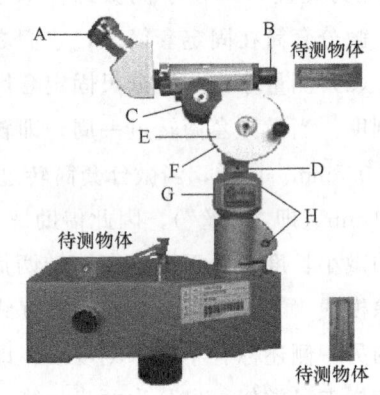

图1.1-6　读数显微镜的构造

（2）使用方法　利用换向插孔G，使显微镜对准待测物后拧紧固定螺母H，调节目镜A至能清楚地看到叉丝（或标尺）。在调节物镜与被测物体的距离时，必须先使物镜降到最低位置（或者非常接近物体，但没有接触到），然后一边从目镜观测，一边缓缓地转动调节螺钉C由下向上（或者由接近物体向远离物体）移动镜筒（以防损坏物镜或物体），直至清晰地看到物体的像为止。消除视差（即眼睛上下移动，直至看到叉丝与待测物体的像之间无相对移动），转动微分套筒F移动显微镜，让叉丝交点对准待测物上一点（或一条线）N，记下读数 x_2；再转动微分套筒F移动显微镜，对准另一点（或另一条线）P，记下读数 x_1，两次读数之差 $NP=|x_1-x_2|$ 即为两点间（或两条直线之间）的距离。注意两次读数时显微镜必须只向一个方向移动，以避免产生回程误差。

【实验内容】

1. 测量圆管的体积

圆管体积公式为

$$V_1 = \frac{\pi}{4} H(D_1^2 - D_2^2) \tag{1.1-3}$$

式中，H、D_2、D_1 分别为圆管的高和内外直径，可用米尺和游标卡尺测量。

2. 测量小钢球体积

小钢球体积公式为

$$V_2 = \frac{\pi}{6} D^3 \tag{1.1-4}$$

式中，D 为钢球的直径，可用游标卡尺、千分尺和读数显微镜分别测量。

3. 测量圆柱的体积

圆柱的体积公式为

$$V_3 = \frac{\pi}{4} h d^2 \tag{1.1-5}$$

式中，h、d 分别为圆柱体的高和直径，可用米尺、游标卡尺和千分尺测量。

4. 测量长方体的体积

长方体的体积公式为

$$V_4 = lah \tag{1.1-6}$$

式中，l、a、h 分别为长方体的长、宽和高，可用米尺和游标卡尺测量。

5. 测量毛细管的内外直径 d 和 D

如图 1.1-7 所示，用读数显微镜时，其两次读数值若为 x_1、x_2 或 y_1、y_2，则有

$$D = |x_1 - x_2|$$
$$d = |y_1 - y_2|。$$

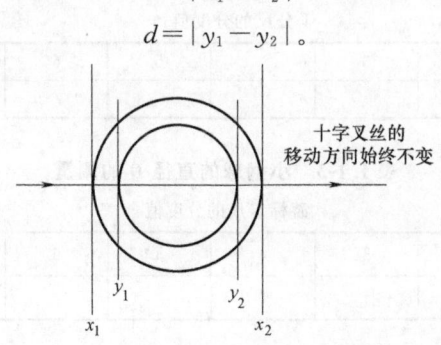

图 1.1-7 毛细管测量示意图

计算以上各量的近真值和测量的标准不确定度，并给出实验测量结果。

【预习思考题】

1. 了解游标卡尺的读数原理。说明在游标卡尺上怎样读出待测量的毫米整数部分和不

足 1mm 的小数部分？

2. 千分尺的读数方法和游标卡尺有哪些异同点？

3. 千分尺测力装置的作用是什么？

4. 为什么使用读数显微镜时要注意防止回程误差，而用千分尺时却不需要防止回程误差？

【复习思考题】

1. 有一角度游标，尺身 29 个分格（即 29°）与游标 30 个分格等长，问这个角度游标的测量精密度是多少？

2. 说明在游标卡尺和千分尺上读数时，可能出现哪些错误？

3. 使用游标卡尺和千分尺都要检查零点，而用读数显微镜却不需要检查，这是什么原因？

4. 测量一长约 20cm、宽约 5cm、厚约 0.6cm 的矩形薄板的体积，要求测量数据不少于 4 位有效数字，应怎样选择长、宽、高的测量仪器？为什么？

【数据记录表范例】

表 1.1-1　圆管的高 H 和内外直径 D_1、D_2 的测量

游标卡尺的零点读数：　　　　游标卡尺的分度值：

测量次数	1	2	3	4	5	6	7	8	平均值
H/cm									
D_1/cm									
D_2/cm									

教学实验一般约定 1~300mm 米尺的分度值：1.0mm，$\Delta=0.10$mm。

表 1.1-2　小钢球的直径 D 的测量

千分尺的零点读数：　　　　千分尺的分度值：

测量次数	1	2	3	4	5	6	7	8	平均值
D/mm									

表 1.1-3　小钢球的直径 D 的测量

游标卡尺的零点读数：　　　　游标卡尺的分度值：

测量次数	1	2	3	4	5	6	7	8	平均值
D/mm									

表 1.1-4　圆柱体的高 h 和直径 d 的测量

游标卡尺的零点读数：　　　　游标卡尺的分度值：

测量次数	1	2	3	4	5	6	7	8	平均值
h/cm									
d/cm									

表 1.1-5　长方体的长 l、宽 a、高 h 的测量

游标卡尺的零点读数：　　　　　　　游标卡尺的分度值：

测量次数	1	2	3	4	5	6	7	8	平均值
l/cm									
a/cm									
h/cm									

表 1.1-6　毛细管内外直径 d 和 D 的测量

读数显微镜的分度值：

测量次数	1	2	3	4	5	6	7	8	平均值
y_1/mm									—
y_2/mm									—
$d=\|y_1-y_2\|$/mm									
x_1/mm									—
x_2/mm									—
$D=\|x_1-x_2\|$/mm									

【数据处理提示】

1. 对多次直接测量结果的标准不确定度的估计

先求各直接测量的最佳值（平均值）：$\overline{x}=\dfrac{1}{n}\sum x_i$；然后再求实验结果标准不确定度：

$$u_A(x)=s(\overline{x})=\sqrt{\dfrac{\sum(x_i-\overline{x})^2}{n(n-1)}},\ u_B(x)=\dfrac{\Delta}{\sqrt{3}}$$

合成标准不确定度为

$$u_C(x)=\sqrt{u_A^2(x)+u_B^2(x)}$$

最后把测量结果表示为

$$x=\overline{x}\pm u_C(x)\quad（单位）$$

注意：表示测量结果时应注意有效数字位数的保留。

2. 对多次重复测量的结果完全相同时（或者对单次直接测量结果）**的标准不确定度的估计**

请参看"实验 1.2"最后的数据处理介绍，还可以参考绪论部分实验报告范例的介绍。

3. 间接测量结果的计算及合成标准不确定度的确定

（1）圆管的体积

$$\overline{V}=\dfrac{\pi}{4}(\overline{d}_1^2-\overline{d}_2^2)\cdot\overline{H}$$

$$u_C(V)=\sqrt{\left[\dfrac{\pi}{2}\overline{H}\,\overline{d}_1 u_C(d_1)\right]^2+\left[\dfrac{\pi}{2}\overline{H}\,\overline{d}_2 u_C(d_2)\right]^2+\left[\dfrac{\pi}{4}(\overline{d}_1^2-\overline{d}_2^2)u_C(H)\right]^2}\,\text{。}$$

结果记为

$$V = \overline{V} \pm u_C(V) \text{(单位)}$$

(2) 钢球的体积

$$\overline{V} = \frac{1}{6}\pi \overline{D}^3, \quad u_C(V) = 3\frac{u_C(D)}{\overline{D}}\overline{V}$$

结果记为

$$V = \overline{V} \pm u_C(V) \text{(单位)}$$

(3) 圆柱的体积

$$\overline{V} = \frac{\pi}{4}\overline{h} \cdot \overline{d}^2; \quad u_C(V) = \sqrt{\left[\frac{\pi}{4}\overline{d}^2 u_C(h)\right]^2 + \left[\frac{\pi}{2}\overline{d}\,\overline{h} u_C(d)\right]^2}$$

或者先求相对不确定度：$E_V = \dfrac{u_C(V)}{\overline{V}} = \sqrt{\left[2\dfrac{u_C(d)}{\overline{d}}\right]^2 + \left[\dfrac{u_C(h)}{\overline{h}}\right]^2}$，再求标准不确定度 $u_C(V) = \overline{V}\dfrac{u_C(V)}{\overline{V}} = \overline{V}E_V$。

结果记为

$$V = \overline{V} \pm u_C(V) \text{(单位)}$$

(4) 长方体的体积

$$\overline{V} = \overline{l}\,\overline{a}\,\overline{h}, \quad u_C(V) = \sqrt{[\overline{a}\,\overline{h} u_C(l)]^2 + [\overline{l}\,\overline{h} u_C(a)]^2 + [\overline{l}\,\overline{a} u_C(h)]^2}$$

或者先求相对不确定度：$E_V = \dfrac{u_C(V)}{\overline{V}} = \sqrt{\left[\dfrac{u_C(l)}{\overline{l}}\right]^2 + \left[\dfrac{u_C(a)}{\overline{a}}\right]^2 + \left[\dfrac{u_C(h)}{\overline{h}}\right]^2}$，再求不确定度 $u_C(V) = \overline{V}\dfrac{u_C(V)}{\overline{V}} = \overline{V}E_V$。

结果记为

$$V = \overline{V} \pm u_C(V) \text{(单位)}$$

(5) 毛细管内外直径 d 和 D

$$d = \overline{d} \pm u_C(d) \text{(单位)}, D = \overline{D} \pm u_C(D) \text{(单位)}$$

注意：表示测量结果时应注意有效数字位数的保留。

实验 1.2 质量与密度的测量

【实验目的】

1. 学会物理天平的正确使用方法
2. 学会游标卡尺、千分尺、读数显微镜的正确使用方法。
3. 学习质量与密度的测量方法。

【实验仪器】

物理天平、游标卡尺、千分尺、小烧杯、镊子、蒸馏水、待测金属块等。

【仪器介绍】

物理天平

1. 结构

物理天平是实验中常用的一种称衡质量的仪器，其结构如图 1.2-1 所示，主要由底座 13、中央支柱 12、横梁 7 和秤盘 2 四大部分组成。横梁上有三个用玛瑙或钢制成的刀口，中央刀口 8 刀刃向下，左右刀口 5 刀刃向上。顺时针旋转横梁升降手轮 15，中央刀承 8′ 支起横梁。左右刀口 5 上的秤盘钩下边悬挂秤盘架 17，秤盘 2 放在秤盘架 17 上。三刀口在同一水平面上（左右刀口与中央刀口距离相等）组成等臂杠杆。当横梁被支起时，可进行称衡。不用时，逆时针转动横梁升降手轮，横梁下降，由横梁支架 4 托住，中央刀口与中央刀承分离。两侧刀口也由于横梁落在支架上而减去负荷，保护刀口不受损伤。调节底座调平螺钉 1 可使天平底座水平，即水平仪气泡在圆圈中央，指针 11 可在刻度牌 16 前摆动。平衡螺母 9 可调节空载平衡。天平横梁上刻有游码标尺并装有游码 6，游码每向右移动一个分度，即相当于在天平右盘上加放一与标尺分度值相同的砝码。通常游码标尺的分度值就是天平的感量值。天平的性能用称量和感量（或灵敏度）表示，称量或最大负载指天平的最大称量范围。天平感量指天平指针偏转一小格需增加（或减少）的质量。感量的倒数为天平的灵敏度。常用的物理天平的感量有 0.02g/格和 0.05g/格两种。

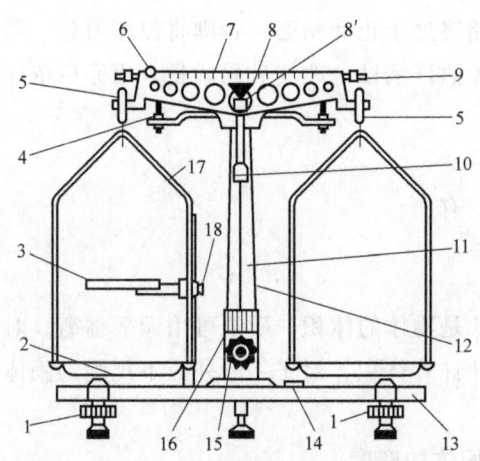

图 1.2-1 物理天平的结构

1—底座调平螺母 2—秤盘 3—载物台 4—横梁支架 5—左右刀口 6—游码
7—横梁 8—中央刀口 8′—中央刀承 9—调节横梁平衡螺母
10—感量调节器 11—指针 12—中央支柱 13—底座
14—气泡水准仪 15—横梁升降手轮 16—指针刻度牌
17—秤盘架 18—载物台固定架

实验时一般根据天平的感量来估计测量的估计误差 $\Delta_{估}$，根据称衡物体时所用到的砝码来确定测量仪器的最大允许误差 $\Delta_{仪}$。

2. 使用方法

（1）调平　在使用天平进行质量称衡前必须先进行以下两步调平：

调水平：调节底坐上的调平螺钉，使气泡水准仪器中的气泡处在圆圈中央。

调平衡：先把游码移到零刻度线，左右秤盘钩、秤盘架、秤盘放置好，并把左右秤盘钩上的左右刀承放到左右刀口上，转动横梁升降手轮，使升降横梁启动天平，指针便左右摆动，当指针在 10 分格刻线左右对称地摆动（或正对 10 分格线）时，表明天平已达到平衡，否则应转动横梁升降手轮止动天平（即横梁落在托架上）。调节平衡螺母的位置之后再启动天平，观察指针摆动情况，反复调节直至天平平衡。

（2）称衡物体质量　将待测物体放在左盘中央，先估计它的质量，用镊子夹适当的砝码放在右盘中央，启动天平，根据指针偏转方向判明轻重并调整砝码。在调整砝码时，一定要由重到轻，依次更换砝码，当指针偏转于 10 分格刻线左或右方不多时，可向左或向右移动游码，使天平处于平衡。止动天平，将盘中砝码质量与游码所指数值相加即得被测物体的质量。

注意：使用天平称衡物体质量时必须遵守天平的操作规则，以保证测量的准确性，保护天平的灵敏度。

3. 操作规则

第一，待测物体的质量不得超过天平的称量。第二，不允许在天平启动时加减砝码、移动游码、取放物体和调节平衡螺母等，只有在要判断天平哪一侧较重和是否平衡时，才能启动天平。除此之外天平应始终处于止动状态，否则将损坏刀口。第三，使用砝码一定要用镊子夹取，不能用手拿，以免沾汗锈蚀，改变砝码质量。用完后依序放在砝码盒内。

【实验原理】

根据物质密度的定义，有

$$\rho = \frac{m}{V} \tag{1.2-1}$$

式中，m 是物体的质量；V 是物体的体积。质量可用天平称衡。对于外形规则的固体，可通过直接测量固体的外形尺寸计算体积，对于一般外形不规则的固体或液体则常用静力称衡法求其体积。

1. 用静力称衡法测定固体的密度

设 m 为固体在空气中的质量，m_1 为固体悬浮在密度为 ρ_0 的液体中时的质量。静力称衡法称衡装置如图 1.2-2 所示。根据阿基米德浮力定律，$(m-m_1)g$ 等于与固体等体积的液体的重量 $\rho_0 V g$，故固体的体积为

$$V = \frac{m - m_1}{\rho_0} \tag{1.2-2}$$

代入式（1.2-1）得固体的密度 ρ_1 为

$$\rho_1 = \frac{m}{m - m_1} \rho_0 \tag{1.2-3}$$

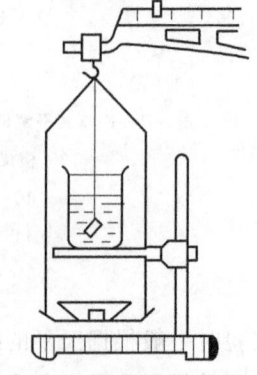

图 1.2-2　静力称衡法称衡装置

2. 用静力称衡法测定液体的密度

设式（1.2-3）中密度为 ρ_1、质量为 m 的固体悬浮在另一种待测液中时，测得的质量为 m_2，则与式（1.2-3）推导过程相同，可得

$$\rho_1 = \frac{m}{m - m_2}\rho_2 \tag{1.2-4}$$

式中，ρ_2 为待测液体的密度。将式（1.2-3）中 ρ_1 代入式（1.2-4）得

$$\rho_2 = \frac{m - m_2}{m - m_1}\rho_0 \tag{1.2-5}$$

由式（1.2-3）、式（1.2-5）可知，静力称衡法最终都把测量体积转变为测量质量。这里还需指出的是，只有固体不和液体发生物理和化学变化时，才能用静力称衡法和比重瓶法测定物体的密度。本实验所用液体为蒸馏水，其密度 ρ_0 可根据实验时的水温由表 1.2-1 中查出。

表 1.2-1 在标准大气压下不同温度的水的密度　　　　　（单位：kg/m³）

温度/℃	0	1	2	3	4	5	6	7	8	9
0	999.87	999.90	999.94	999.96	999.97	999.96	999.94	999.91	999.88	999.81
10	999.73	999.63	999.52	999.40	999.27	999.13	998.97	998.80	998.62	998.43
20	998.23	998.02	997.80	997.57	997.33	997.06	996.81	996.54	996.26	995.97

【实验内容】

1. 按照天平的使用方法检查、调整物理天平。先调底座水平，再调横梁水平。
2. 按照式（1.2-1）测量由不同物质构成的规则金属块立方体和圆柱体的密度。
3. 用流体静力称衡法测定金属块的密度。用物理天平测定金属块的质量 m，按照图 1.2-2 的方法测量 m_1，记下水温，查出 ρ_0（或者取 $\rho_0 = 1 \times 10^3 \, \text{kg/m}^3$），按照式（1.2-3）计算金属块的密度。
4. 估算各物体密度的标准不确定度，给出测量结果。

【预习思考题】

1. 物理天平的操作步骤和操作规则有哪些？
2. 使用游标卡尺、千分尺、物理天平、温度计时应注意哪些问题？
3. 怎样用静力称衡法测定固体的体积？

【复习思考题】

1. 用静力称衡法测定密度时，若在水中的固体表面附有汽泡，实验结果将如何变化？为什么？
2. 如果固体密度小于液体的密度，怎样用静力称衡法测定固体的密度？试拟定一个实验方案。
3. 本实验如用弹簧测力计装置，能否测出金属块的密度？为什么？

【数据记录表范例】

表 1.2-2 各个立方体的边长和质量的测量

千分尺的零点读数：　　　　　　　　　千分尺的分度值：

测量次数	1	2	3	4	5	6	平均值	质量/g
d_1/cm								
d_2/cm								
d_3/cm								
d_4/cm								

物理天平的分度值：

表 1.2-3 各个圆柱体的直径、高和质量的测量

游标卡尺零点读数：　　　　　　　　　游标卡尺的分度值：

测量次数	1	2	3	4	5	6	平均值	质量/g
D_1/cm								
h_1/cm								
D_2/cm								
h_2/cm								
D_3/cm								
h_3/cm								

物理天平的分度值：

【数据处理提示】

对多次直接测量结果的标准不确定度的估计，请参看"实验 1.1"最后的数据处理介绍，还可以参考绪论部分实验报告范例的介绍。

对单次直接测量结果（或者多次重复测量的结果完全相同时）的标准不确定度的估计：在物理教学实验中，一般我们只考虑测量的估计误差 $\Delta_{估}$ 引入的标准不确定度 $u_{B1}=\dfrac{\Delta_{估}}{c_1}$ 和测量仪器的最大允许误差 $\Delta_{仪}$ 引入的标准不确定度 $u_{B2}=\dfrac{\Delta_{仪}}{c_2}$ 两个方面，其中 $\Delta_{估}$ 由测量仪器的分度值和测量的实际情况来综合考虑，c_1 是 $\Delta_{估}$ 的分布与置信系数；$\Delta_{仪}$ 可以在仪器上、仪器说明书和仪器手册中查找到，c_2 是 $\Delta_{仪}$ 的分布与置信系数。在实际应用时，常常忽略不同分布的差别（甚至也不知道是什么分布），而把 $\Delta_{估}$ 和 $\Delta_{仪}$ 都当成均匀分布对待，取置信系数 $c_1=c_2=c=\sqrt{3}$。

当估计误差 $\Delta_{估}$ 远远小于仪器的最大允许误差 $\Delta_{仪}$ 时，对测量结果的标准不确定度的估计：在物理教学实验中，一般我们只考虑测量仪器的最大允许误差 $\Delta_{仪}$ 引入的标准不确定度 $u_B=\dfrac{\Delta_{仪}}{c}$ 一个方面，其中 $\Delta_{仪}$ 可以在仪器上、仪器说明书和仪器手册中查找到，c 是 $\Delta_{仪}$ 的分布与置信系数。在实际应用时,常常忽略不同分布的差别(甚至也不知道是什么分布),而把 $\Delta_仪$ 当成均匀分布对待,取置信系数 $c=\sqrt{3}$。

1. 立方体的密度

$$\rho=\frac{m}{d^3}$$

立方体密度的标准不确定度:$u_C(\rho)=\rho\sqrt{\left(\frac{u_C(m)}{m}\right)^2+\left(3\frac{u_C(d)}{\overline{d}}\right)^2}$

立方体密度的测量结果:$\rho\pm u_C(\rho)$(单位)

2. 圆柱体的密度

$$\rho=\frac{m}{\pi\left(\frac{\overline{D}}{2}\right)^2 \overline{h}}=\frac{4m}{\pi \overline{D}^2 \overline{h}}$$

圆柱体密度的标准不确定度:

$$u_C(\rho)=\rho\sqrt{\left(\frac{u_C(m)}{m}\right)^2+\left(2\frac{u_C(D)}{\overline{D}}\right)^2+\left(\frac{u_C(h)}{\overline{h}}\right)^2}$$

圆柱体密度的测量结果:$\rho\pm u_C(\rho)$(单位)

3. 用流体静力称衡法测定金属块的密度

$$\rho=\frac{m}{m-m_1}\rho_0$$

金属块密度的相对不确定度:

$$E_\rho=\frac{u_C(\rho)}{\rho}=\sqrt{\left[\frac{u_C(m)}{m}\right]^2+\left[\frac{u_C(m-m_1)}{m-m_1}\right]^2}=\sqrt{\left[\frac{u_C(m)}{m}\right]^2+\frac{[u_C(m)]^2+[u_C(m_1)]^2}{(m-m_1)^2}}$$

金属块密度的标准不确定度:$u_C(\rho)=\rho\cdot\frac{u_C(\rho)}{\rho}=\rho\cdot E_\rho$

金属块密度的测量结果:$\rho\pm u_C(\rho)$(单位)

注意:表示测量结果时应注意有效数字位数的保留。

实验1.3 单摆的研究

【实验目的】

1. 掌握用单摆测重力加速度的方法,学会正确使用秒表。
2. 研究单摆的周期与摆长和周期与摆角的关系。
3. 学习用作图法或最小二乘法处理实验数据。

【实验仪器】

单摆装置、秒表、钢卷尺、摆线、摆球、千分尺或游标卡尺等。

【仪器介绍】

秒表

秒表是一种测量时间间隔的常用仪表，其种类很多，可分为机械秒表和电子秒表两大类。使用时应弄清它是怎样启动（开始计时）、怎样止动（停止计时）、如何复零（恢复零读数）的。

（1）机械秒表　机械秒表通常有两根指针，如图1.3-1所示，长针为秒针，每转一格0.1s或0.2s，一圈30s或60s；短针是分针，每转一圈15分。柄头用以旋紧发条及控制秒表的启动、停止和复零。先上发条旋钮，但不能上得太紧，而且上发条时要注意用力均匀缓慢，以免损坏发条。第一次按柄头秒表启动，第二次按柄头停止计时，第三次按柄头指针复零。

另外，常见的机械式秒表还有图1.3-2中的a、b两种。对于图a，使用时有两种计时方式。

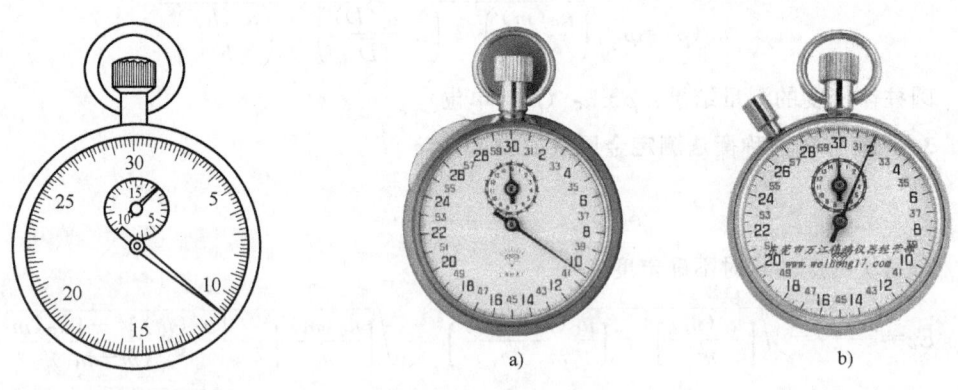

图1.3-1　机械秒表　　　　图1.3-2　两种机械式秒表

方式一：

①先上发条旋钮，但不能上得太紧，以免损坏发条；②将塑料控制开关处于远离柄头的位置。在停表停止计时状态下第一次按柄头，秒表启动，计时开始；③第二次按柄头，停止计时；④第三次按柄头，指针复零。

方式二：

①先上发条旋钮，但不能上得太紧，以免损坏发条；②将塑料控制开关处于远离柄头的位置。在停表停止计时状态下第一次按柄头，秒表启动，计时开始；③此时若将塑料控制开关处于靠近柄头的位置，秒表停止计时；再将塑料控制开关处于远离柄头的位置，则秒表继续计时（即从上次读数开始又继续计时）；④第二次按柄头停止计时；⑤第三次按柄头指针复零。

对于图b，除了先上发条外，使用时有两种计时方式。

方式一：

①先上发条旋钮，但不能上得太紧，以免损坏发条；②在停表停止计时状态下第一次按

柄头，秒表启动，计时开始；③第二次按柄头，停止计时；④第三次按柄头，秒表继续计时（即从上次读数开始又继续计时）；⑤第四次按柄头，停止计时；⑥在停表停止计时状态下按柄头左侧的小柄头，指针复零。

方式二：

①先上发条旋钮，但不能上得太紧，以免损坏发条；②在停表停止计时状态下第一次按柄头，秒表启动，计时开始；③第二次按柄头，停止计时；④在停表停止计时状态下按柄头左侧的小柄头，指针复零。

（2）石英电子秒表　实验室里常用的石英电子秒表如图 1.3-3 所示，使用时有三种计时方式。

方式一：

①按下中间状态模式转换键 B，使界面处于秒表状态模式，如图 1.3-3 所示；②按下图中右按键 C，计时开始；③再按下右按键 C，计时停止，记下计时读数；④按下左按键 A，复零（只要在计时停止后按下左按键 A 即可）。

方式二：

①按下中间状态模式转换键 B，使界面处于秒表状态模式后按下图 1.3-3 中右按键 C，计时开始；②再按下右按键 C，计时停止，记下计时读数；③再按下右按键 C，从上次读数开始继续计时；④按下右按键 C，计时停止，记下计时读数。

图 1.3-3　石英电子秒表

这样重复操作，总可以从上次读数开始计时。若要复零，只要在计时停止后按下左按键 A 即可。

方式三：

①使界面处于秒表状态模式后按下图 1.3-3 中右按键 C，计时开始；②按下左按键 A，停表计数停止，记下计时读数。此时秒表其实还在继续计时，只不过界面停止计数而已；③再按下左按键 A，继续计时；④按下左按键 A，停表停止计数，记下计时读数。此时秒表其实同样还在继续计时；⑤若想停止计时，则按下右按键 C，再按下左按键 A 复零。

使用石英电子秒表应注意如下的事项：

1）避免受潮或与腐蚀性物质接触；
2）避免在温度过高或过低的环境中使用；
3）不宜长时间在太阳下暴晒或置于强光下照射；
4）注意所使用电池的要求；
5）要认真阅读使用说明书。

电子秒表计时范围较宽，一般无表针，计时通过液晶显示，准确度可达 0.01s。小数点前的数字表示分，小数点后的前两位数字单位为秒，最后两位小数字单位为 0.01s。如图 1.3-4 所示，若电子秒表液晶显示数为 1：1456，则应读为 1 分 14.56 秒或者是 74.56 秒，最好是读成 74.56 秒并记录。

图 1.3-4　石英电子秒表

【实验原理】

用一根不计质量的长细线吊起一小重锤，使其在重力作用下在铅直平面内摆动，即为一单摆，如图 1.3-5 所示。如果空气阻力、浮力不计，摆线质量、摆锤体积可忽略，根据振动理论，单摆周期 T 与摆角 θ 的关系为

$$T = 2\pi\sqrt{\frac{l}{g}}\left[1+\left(\frac{1}{2}\right)^2\sin^2\frac{\theta}{2}+\left(\frac{1\times 3}{2\times 4}\right)^2\sin^4\frac{\theta}{2}+\cdots\right] \quad (1.3\text{-}1)$$

取二级近似有

$$T = 2\pi\sqrt{\frac{l}{g}}\left(1+\frac{1}{4}\sin^2\frac{\theta}{2}\right) \quad (1.3\text{-}2)$$

由图 1.3-5 可知 $\sin\theta = \dfrac{s}{l}$。

在摆角很小（$\theta < 5°$ 或摆幅 $s < l/12$）时，取零级近似得

$$T = 2\pi\sqrt{\frac{l}{g}} \quad (1.3\text{-}3)$$

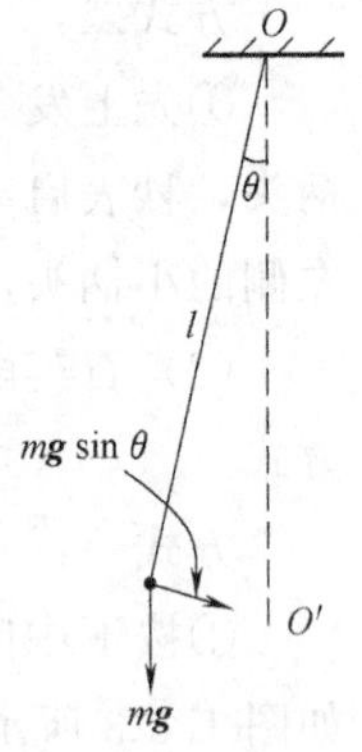

图 1.3-5 单摆示意图

式中，l 为摆长；g 为重力加速度。用米尺测量摆长 l，用秒表测量摆动周期 T，将 T、l 值代入式（1.3-3）就可求出重力加速度 g。在测定了多组（l, T）和（θ, T）后，可用作图法处理数据，检验式（1.3-3）和式（1.3-2）并可求出 g 值。

【实验内容】

1. 测量不同摆长 l 及其相应的周期 T，作 l-T^2 图线，求重力加速度

（1）校准秒表　用毫秒计测定秒表的校准系数 C（C 等于在相同的时间间隔内数字毫秒计的示数与机械秒表的示数的比值），共测 3 次求平均值。若使用电子秒表，则不需要校准。

（2）测量摆长 l　调整单摆装置垂直，用米尺分别测出悬点位置 x_1、摆锤下端点位置 x_2，用游标卡尺或千分尺测量摆锤的直径 d，算出摆长 $l = |x_1 - x_2| - d/2$。

也可先用米尺直接测出摆线的长度 l'，再用游标卡尺或千分尺测出摆球的直径 d，算出摆长 $l = l' + d/2$。

对单次直接测量结果（或者多次重复测量的结果完全相同时）的标准不确定度的估计参看实验 1.2 最后的数据处理介绍。

（3）测量单摆的周期　为减少误差，可一次测量摆动 30 个周期的时间 t_{30}（注意：摆角 $\theta < 5°$ 并且摆锤必须在竖直平面内摆动）。当摆锤通过平衡位置时开始计时，并在按下表的同时从零开始数周期数。重复多次，取平均值 $\bar{t}_{30}$，按 $T = C\bar{t}_{30}/30$ 计算周期。若秒表不要求校准，则取 $C = 1$，即 $T = \bar{t}_{30}/30$。

（4）估算不确定度　由式（1.3-3）和 $T = \bar{t}_n/n$ 求重力加速度 g，并估算标准不确定度。

$$g = 4\pi^2\frac{n^2 l}{t^2},\quad u_C(g) = g\sqrt{\left[\frac{u_C(l)}{l}\right]^2 + \left[2\,\frac{u_C(t)}{t}\right]^2}$$

或者是：

$$g = 4\pi^2\frac{l}{T^2},\quad u_C(g) = g\sqrt{\left[\frac{u_C(l)}{l}\right]^2 + \left[2\,\frac{u_C(T)}{T}\right]^2}$$

对多次直接测量结果的标准不确定度的估计参看"实验1.1"最后的数据处理介绍。对单次直接测量结果的标准不确定度的估计参看"实验1.2"最后的数据处理介绍。还可以参考绪论部分实验报告范例的介绍。

（5）多次测量单摆摆长和周期　等间隔地改变摆长（每次约5cm或10cm），测量摆长和相应的周期，共改变摆长6~8次。

（6）数据处理与结果　绘出 l-T^2 图线，用图解法求斜率，计算重力加速度 g，与本地重力加速度的标准值（$g_{蒙自}=9.78443 \text{m/s}^2$）进行比较，并估算标准不确定度，给出测量结果。

$$k=\frac{T_A^2-T_B^2}{l_A-l_B}, \quad u_C(k)=k\sqrt{\left[\frac{2u_C(T^2)}{T_A^2-T_B^2}\right]^2+\left[\frac{2u_C(l)}{l_A-l_B}\right]^2}$$

$u_C(T^2)=\frac{\Delta_{T^2}}{\sqrt{3}}$，$u_C(l)=\frac{\Delta_l}{\sqrt{3}}$，$\Delta_{T^2}$ 与 Δ_l 应从 l-T^2 图线中，根据 T^2 轴与 l 轴的最小分度值估算。

$$g=\frac{4\pi^2}{k}, \quad u_C(g)=g\frac{u_C(k)}{k}$$

2. 测定同一摆长下，不同摆角 θ 的周期作 $T-\sin^2\frac{\theta}{2}$ 图，并检验式（1.3-2）

（1）测量摆长，求校准后的周期　固定并测量摆长（可取 $l\approx 100\text{cm}$ 或者 60cm），测定单摆的摆角或摆幅。用秒表测定 n 个周期的时间 t_n，求出校准后的周期值（在摆角基本不变条件下，n 可根据实际情况自行决定）。

（2）多次测量　使摆角或摆幅依次增加，测相应的周期，共改变摆角6~8次。

（3）绘出曲线并分析结果　绘出 $T-\sin^2\frac{\theta}{2}$ 图线，分析周期与摆角的关系。

【预习思考题】

1. 在测量摆长时怎样操作才能减少误差？
2. 在摆球离开平衡位置的距离为摆长的多少时，摆角小于5°？
3. 在测量周期时，为什么要在摆球过平衡位置时计时？为什么一次要测多个周期？是否周期数越多越好？
4. 在研究周期与摆角的关系时，应注意保证哪些条件？

【复习思考题】

1. 改变摆线和摆球的质量对单摆的周期有无影响？为什么？
2. 在用单摆测量重力加速度时，如果强调要考虑空气浮力的影响，那么怎样修改单摆周期公式？
3. 如果秒表比标准时间慢1/1000，其校准系数多大？用它测定单摆周期所得 g 值，将偏大还是偏小？

【数据处理提示】

对多次直接测量结果的标准不确定度的估计参看"实验 1.1"最后的数据处理介绍。对单次直接测量结果的标准不确定度的估计参看"实验 1.2"最后的数据处理介绍。还可以参考绪论部分实验报告范例的介绍。

【数据记录表范例】

表 1.3-1　各个不同的摆线长 l' 下单摆连续摆动 30 个周期的时间 t

米尺的零点读数：　　　米尺的分度值：　　　停表的零点读数：　　　停表的分度值：

l'/cm	30 个周期的时间 t/s					$\bar{t}$/s	g/m/s²

摆球的直径 $d=$　　　千分尺的零点读数：　　　千分尺的分度值：
摆球的直径 $d=$　　　游标卡尺的零点读数：　　　游标卡尺的分度值：

实验 1.4　用拉伸法测定弹性模量

【实验目的】

1. 掌握用光杠杆测量微小长度变化的原理和方法。
2. 训练正确调整测量系统的能力。
3. 测定金属丝的弹性模量（也称杨氏模量）。
4. 学习用作图法或逐差法数据处理。

【实验仪器】

弹性模量测定仪、千分尺、被测金属丝、游标卡尺、有机直尺、望远镜、钢卷尺、光杠杆、水平仪、砝码组。

【仪器介绍】

1. 弹性模量测定仪

如图 1.4-1a 所示。A、B 为金属丝两端的螺钉夹，B 的下端挂有砝码托盘，调节仪器底脚螺钉 J 可使平台 C 水平，即金属丝与平台垂直，并且 B 刚好悬在 C 台圆孔中心。

第1章 力学实验

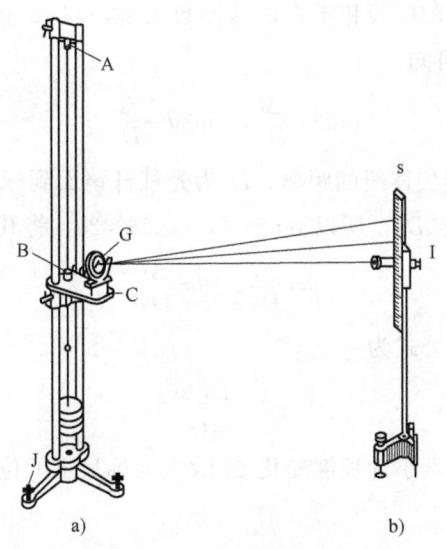

图 1.4-1 装置简图

2. 光杠杆

光杠杆是测量微小长度变化的装置，如图 1.4-1a 中 G 所示。平面镜固定在丁字架上，在支架的下部装有 3 个尖足，测量时两前足尖放在固定平台 C 上，后足尖置于 B 上。当砝码托盘上增加砝码时，金属丝被拉长且后足尖将随之而降，平面镜发生偏转。用望远镜及标尺（见图 1.4-1b）可观察并测量平面镜转过的微小角度，进而求金属丝的伸长量。

3. 光杠杆原理

如图 1.4-2 所示，当金属丝未拉长时，光杠杆镜面、标尺和金属丝之间互相平行，与镜面同高的望远镜水平地对准镜面。此时，望远镜中的叉丝与标尺上某一刻度线相重合，其读数为 s_0。金属丝被拉长后，光杠杆的后足尖下移一段距离 Δl，平面镜倾斜一个角度 θ，根据光的反射定律，镜面转过 θ，反射线将转过 2θ，因此入射光线经平面镜反射后，从望远镜中

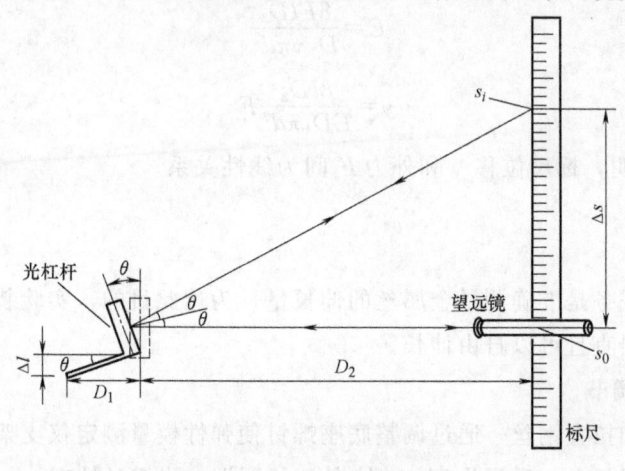

图 1.4-2 光杠杆测微原理

45

看时,叉丝又与标尺上另一刻度线相重合,其读数为 s_i,与 Δl 相对应的标尺读数变化量为 $\Delta s = |s_i - s_0|$,由几何知识可知

$$\tan\theta = \frac{\Delta l}{D_1}, \quad \tan 2\theta = \frac{\Delta s}{D_2}。$$

式中,D_1 为后足尖到两前足尖连线的距离;D_2 为光杠杆镜面到标尺尺面的距离。

由于 $\Delta l \ll D_1$,$\Delta s \ll D_2$,所以 $\tan\theta \approx \theta$,$\tan 2\theta \approx 2\theta$,将其代入上式有

$$\theta = \frac{\Delta l}{D_1}, \quad 2\theta = \frac{\Delta s}{D_2}$$

由此可得微小伸长量的测量公式为

$$\Delta l = \frac{D_1 \Delta s}{2 D_2} \tag{1.4-1}$$

可见,光杠杆的作用在于将微小的长度变化 Δl 放大为标尺上的位移 Δs。

【实验原理】

设弹性金属丝的长度为 l,横截面积为 S,在外力 F 作用下伸长了 Δl,则金属丝的应力为 $\frac{F}{S}$,应变为 $\frac{\Delta l}{l}$。根据胡克定律,在弹性限度内应力与应变成正比,即 $\frac{F}{S} = E\frac{\Delta l}{l}$。比例系数 E 称为弹性模量。利用弹性模量可了解弹性材料对拉伸(或压缩)形变的抵抗能力。根据胡克定律可得

$$E = \frac{Fl}{\Delta l S}$$

由于 $S = \frac{1}{4}\pi d^2$(d 为金属丝直径),则有

$$E = \frac{4Fl}{\pi \Delta l d^2} \tag{1.4-2}$$

用光杠杆测微小长度时,将式(1.4-1)中 Δl 代入式(1.4-2),令 $\Delta s = y$,有

$$E = \frac{8FlD_2}{D_1 y \pi d^2} \tag{1.4-3}$$

或

$$y = \frac{8lD_2}{ED_1 \pi d^2} F \tag{1.4-4}$$

式(1.4-4)表明,标尺位移 y 和外力 F 间为线性关系。

【实验内容】

本实验的主要任务是准确测量金属丝的伸长量,为达此目的,实验装置首先应满足:被拉伸的金属丝必须铅直且可以自由伸长。

1. 测量系统的调节

(1) 调节底座和拉直钢丝　通过调整底座螺钉使弹性模量测定仪支架成铅直状态,即使金属丝铅直;将砝码托盘(质量为1kg)挂在B的下端,将钢丝拉直。

思考问题:预加的砝码托盘是否应计入作用力 F 中?

(2) **安放光杠杆** 如图 1.4-3 所示，正确安放光杠杆，使光杠杆后足可随金属丝的伸长自由移动，即使金属丝可自由伸长。

(3) **调节望远镜和平面镜** 如图 1.4-1 所示，将望远镜置于光杠杆镜面正前方 1.2～2.0m 处，望远镜轴心线与平面镜轴心线位于同一高度。

测量系统的调节是本实验的关键，调整后的系统应满足光线沿水平面传播的条件，即与望远镜等高位置处的标尺刻度经平面镜反射后进入视野（见图 1.4-4，为说明成像规律，夸大了标尺和望远镜的距离）。为此，可通过以下步骤进行调节：

图 1.4-3 光杠杆放置图

1) 测量系统粗调：粗调平面镜镜面垂直、望远镜光轴水平、光杠杆与望远镜处于同一高度；适量移动标尺和望远镜，使从望远镜上方沿光轴方向可凭目测在平面镜中观察到标尺的像，如图 1.4-5 所示。

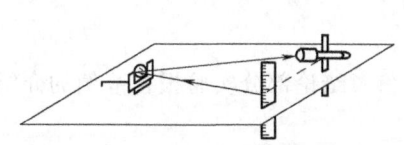

图 1.4-4 测量系统光路图

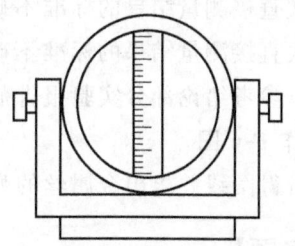

图 1.4-5 粗调观察结果

2) 调焦找尺：首先调节望远镜目镜旋转轮，使望远镜中的叉丝清晰成像（目镜调焦），然后调节镜筒中部的调焦螺旋钮，以改变组合物镜的焦距，直到能清楚地看到标尺刻度线的像，仔细调节物镜，使标尺成像在叉丝平面上，即标尺与叉丝无视差。

3) 细调平面镜镜面和望远镜光轴：观察望远镜中间水平叉丝所对应的标尺读书与望远镜光轴在标尺上的实际位置是否一致，若明显不同，说明入射光线未沿水平面传播，可稍调节平面镜俯仰，直到望远镜读出的数恰为实际位置为止。调节过程中还应兼顾标尺像上下清晰度一致，若清晰度不同，可适当调节望远镜镜筒下面的镜筒轴心线俯仰螺钉，必要时还需调节望远镜的高度，直到能够看到如图 1.4-6 所示的清晰图像。

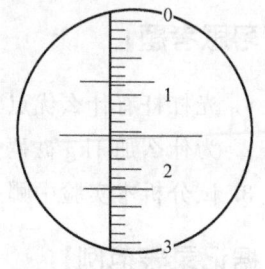

图 1.4-6 细调观察结果

2. 测定 F 与 y

将砝码托盘（质量为 1kg）挂在 B 的下端，拉直金属丝。记下望远镜中与叉丝横线（或交点）重合的标尺读数 s_1。逐次增加 1kg 砝码，记录标尺读数 s_2、s_3、s_4、s_5、…、s_{10}。加到 9kg 后再逐次减少 1kg 砝码，记录相应的标尺读数 s'_{10}、…、s'_3、s'_2、s'_1。按上述方法重复做两次。

3. 测量仪器装置的各参数

(1) 测量参数 D_1　在桌面上放一张白纸,将光杠杆的 3 足尖印在纸上(或印在课本空白处),先用铅笔和直尺画一条直线将两前足尖连起来,再画出后足尖到前足尖连线的垂直距离,用米尺测量光杠杆后足尖到两前足尖连线的垂直距离 D_1。

(2) 测量参数 D_2　用钢卷尺测量光杠杆镜面到标尺间的距离 D_2。

(3) 测量参数 l　用钢卷尺测量被拉伸的金属丝的长度 l。

(4) 测量参数 d　用千分尺测量金属丝直径 d。注意应测备用部分的金属丝直径,而不要直接测量被拉伸部分的金属丝直径。而且要多次测量,读出并记录下千分尺的零点读数和分度值。

4. 估算不确定度

用对半逐差法处理数据求出弹性模量并估算其标准不确定度,给出测量结果。

$$u_C(E) = E \cdot \sqrt{\left(\frac{u_C(l)}{l}\right)^2 + \left(\frac{u_C(D_1)}{D_1}\right)^2 + \left(\frac{u_C(D_2)}{D_2}\right)^2 + \left(2 \cdot \frac{u_C(d)}{d}\right)^2 + \left(\frac{u_C(y)}{y}\right)^2}$$

对多次直接测量结果的标准不确定度的估计参看本章"实验 1.1"最后的数据处理介绍。对单次直接测量结果的标准不确定度的估计参看本章"实验 1.2"最后的数据处理介绍,还可以参考绪论部分实验报告范例的介绍。

*5. 作 F-y 图

分析所得图线并求出金属丝的弹性模量 E。可以参考绪论部分实验报告范例的介绍。

【预习思考题】

1. 本实验用式(1.4-3)求 E 应满足哪些条件?
2. 为什么 D_1、D_2、d、l 等长度要用不同的仪器测量?
3. 在加减砝码的过程中,怎样操作才能保持不碰撞光杠杆?
4. 实验中应注意些什么才能防止光杠杆和望远镜被损坏?

【复习思考题】

1. 光杠杆有什么优点?如何提高光杠杆测量微小长度变化的灵敏度?
2. 为什么加 1kg 砝码做起始荷重?对测量结果有无影响?
3. 试分析本实验中哪几个量的测量误差对结果的影响较大?

【数据记录表范例】

表 1.4-1　m_i-s_i 数据表

i	砝码 m/kg	s_i/cm	s_i'/cm	s_i/cm	s_i'/cm	$\bar{s}_i$/cm	y_i/cm
1	0						
2	1						
3	2						
4	3						

(续)

i	砝码 m/kg	s_i/cm	s_i'/cm	s_i/cm	s_i'/cm	$\bar{s}_i$/cm	y_i/cm
5	4						
6	5						
7	6						
8	7						
9	8						
10	9						

表 1.4-2 金属丝的直径 d 的测量数据表

千分尺的零点读数： 千分尺的分度值：

测量次数	1	2	3	4	5	6	7	8	平均值
d/mm									

$D_1 =$; $D_2 =$; $l =$

米尺的分度值：

【数据处理提示】

用逐差法计算弹性模量及误差。

用对半逐差法求出增减砝码时相应标尺读数差的平均值 y，即

$$\bar{y} = \frac{1}{5}[(\bar{s}_{10} - \bar{s}_5) + (\bar{s}_9 - \bar{s}_4) + (\bar{s}_8 - \bar{s}_3) + (\bar{s}_7 - \bar{s}_2) + (\bar{s}_6 - \bar{s}_1)] = \frac{1}{5}(y_1 + y_2 + y_3 + y_4 + y_5)$$

(1.4-5)

或者 $\bar{y} = \frac{1}{5}(y_5 + y_4 + y_3 + y_2 + y_1)$。

先把各个 y_i 求出，并把它们看成直接测量值去求最佳值（平均值）：

$$\bar{y} = \frac{1}{n} \sum y_i$$

然后求实验结果 y 的标准不确定度：

$$u_A(y) = s(\bar{y}) = \sqrt{\frac{\sum(y_i - \bar{y})^2}{n(n-1)}}$$

$u_B(y) = \dfrac{\Delta}{\sqrt{3}}$ （$\Delta = 0.01 \text{cm}$，Δ 取钢板尺最小分度值的十分之一）。

合成标准不确定度为

$$u_C(y) = \sqrt{u_A^2(y) + u_B^2(y)}$$

最后把测量结果表示为

$$y = \bar{y} \pm u_C(y) \text{（单位）}$$

按式（1.4-3）计算弹性模量 E 的值，并按下式估算 E 的标准不确定度，即

$$u_C(E) = E \cdot \sqrt{\left(\frac{u_C(l)}{l}\right)^2 + \left(\frac{u_C(D_1)}{D_1}\right)^2 + \left(\frac{u_C(D_2)}{D_2}\right)^2 + \left(2 \cdot \frac{u_C(d)}{d}\right)^2 + \left(\frac{u_C(y)}{y}\right)^2}$$

其中，l、D_1、D_2各量只测了一次，由于实验条件的限制，它们的误差不能简单地只由量具的仪器误差来决定。

1) 测量金属丝长度 l 时，由于金属丝上下端装有紧固夹子头，米尺很难测准，若该距离为 0.5~1.0m，则 $\Delta_仪=0.08$cm，而 $\Delta_估$可取 0.3cm（米尺最小分度值的三倍）。

$$u_C(l)=\sqrt{u_{B1}^2(l)+u_{B2}^2(l)}=\sqrt{\left(\frac{\Delta_估}{\sqrt{3}}\right)^2+\left(\frac{\Delta_仪}{\sqrt{3}}\right)^2}$$

2) 用米尺测量光杠杆前后足尖距 D_1 时，不能完全保证是垂直距离，则 $\Delta_估$可取为 0.05cm（米尺最小分度值的一半），而 $\Delta_仪=0.08$cm。

$$u_C(D_1)=\sqrt{u_{B1}^2(D_1)+u_{B2}^2(D_1)}=\sqrt{\left(\frac{\Delta_估}{\sqrt{3}}\right)^2+\left(\frac{\Delta_仪}{\sqrt{3}}\right)^2}$$

3) 测量光杠杆镜镜面到标尺尺面之间的距离 D_2 时难以保证米尺是水平、不弯曲和两端对准，若该距离为 1.2—2.0m，则 $\Delta_仪=0.12$cm，而 $\Delta_估$可取为 0.5cm（米尺最小分度值的五倍）。

$$u_C(D_1)=\sqrt{u_{B1}^2(D_1)+u_{B2}^2(D_1)}=\sqrt{\left(\frac{\Delta_估}{\sqrt{3}}\right)^2+\left(\frac{\Delta_仪}{\sqrt{3}}\right)^2}$$

4) 用千分尺测量金属丝直径 d 时，应多次测量，$\Delta_仪=0.004$cm。

5) 当用望远镜测量金属丝下端增减砝码时相应标尺的读数差 y 时，钢板尺对测量结果影响的极限误差 $\Delta_仪=0.01$cm。

测量结果的最终表达形式为

$$E\pm u_C(E)（单位）$$

注意：

1. 对多次直接测量结果的标准不确定度的估计参看"实验1.1"最后的数据处理介绍。
2. 对单次直接测量结果的标准不确定度的估计参看"实验1.2"最后的数据处理介绍。
3. 表示测量结果时应注意有效数字位数的保留。
4. 还可以参考绪论部分实验报告范例的介绍。

第 2 章　电磁学实验

通过实验着重学习电流、电压、电阻、周期和频率等基本物理量的测量方法；掌握万用表、电流表、电压表、检流计、电桥和示波器等基本测量仪器的性能和使用方法；要求能正确处理数据并给出测量结果。电磁学实验离不开电源和测量仪表，因此本章首先对电磁学实验常用仪器及注意事项做简要介绍，然后再介绍 4 个电磁学实验。

2.1　电源

2.1.1　交流电源

实验室里较大功率的仪器设备都要由电网供电。我国电网的统一供电规格是 220V、50Hz 的正弦交流电。如果需要使用其他规格的电流，则需经专门设备变换。在使用电源为 220V 交流电的设备时，如发现仪器不能工作或指示灯不亮，应先查看引入线、开关、熔断器等是否良好；如发现仪器外壳带电，可能是绝缘损坏，应请实验室负责老师处理。

2.1.2　直流电源

目前实验室经常采用的晶体管直流稳压电源有多种规格型号，可以适用不同的用途，但其结构上都是由变压器、整流器、晶体管或集成电路、电阻和电容等电子元器件组装而成。直流稳压电源的作用是把 220V 的交流电降压、整流，再经稳压，获得稳定的直流输出电压。它有一定的最大允许输出电流和电压，超出负荷时，不但不能起到稳压的作用，而且极易损坏仪器，使用时必须正确操作。

2.1.3　XD—2S302 数字式稳压电源

(1) 稳压电源面板　各部件名称如图 2.0-1 所示。
(2) 稳压电源的操作方法
1) 将稳压电源后面板上的电源线插头插入 220V 的交流电源插座。
2) 连接测量电路到稳压电源的"+""-"输出端。
3) 稳压调节：先将电压调节旋钮调至 0，即逆时针调到底，将电流调节旋钮调至最大，即顺时针调到底。再打开电源开关 1，顺时针调节电压旋钮到所需的电压值。

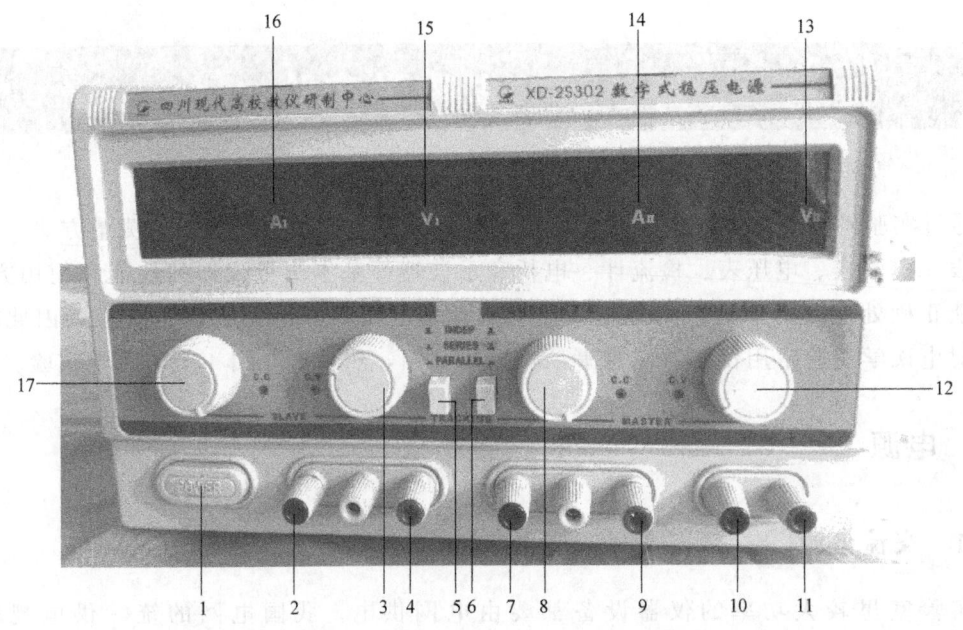

图 2.0-1　XD—2S302 数字式稳压电源面板图

1—电源开关　2、4—Ⅰ路输出端　3—Ⅰ路电压调节旋钮　5、6—串、并联开关　7、9—Ⅱ路输出端
8—Ⅱ路电流调节旋钮　10、11—Ⅲ路输出端　12—Ⅱ路电压调节旋钮　13—Ⅱ路电压指示
14—Ⅱ路电流指示　15—Ⅰ路电压指示　16—Ⅰ路电流指示　17—Ⅰ路电流调节旋钮

2.2　电阻器

为了改变电路的电流，或作为特定电路的组成部分，电路中经常接入各种不同阻值的电阻器（简称电阻），其阻值可分为固定阻值和可变阻值两类。使用时除应注意其阻值的大小外，还要注意其额定功率及最大允许通过的电流（$I=\sqrt{\dfrac{P}{R}}$）。下面介绍两种可变电阻器和一种定值电阻器。

2.2.1　滑线变阻器

滑线变阻器结构如图 2.0-2 所示。将外涂绝缘层的电阻丝（如镍铬丝）绕在瓷筒上，并将两端固定于接线柱 A 和 B，因此 A、B 之间的电阻即为电阻器的总电阻。瓷筒上方的滑动接头 C 可在粗铜棒上沿瓷筒轴向平移，且始终和表面刮掉绝缘层的电阻丝相接触。铜棒的一端（或两端）装有接线柱 C'，用来接续 C，以便连线。改变滑线变阻器接头的位置就可以改变 A、C 间和 B、C 间的电阻 R_{AC} 和 R_{BC}。

滑线变阻器在电路中有两种接法：

1）用作限流器：如图 2.0-3 所示。为了控制负载 R_Z 的电流，将滑线变阻器的 AC 部分

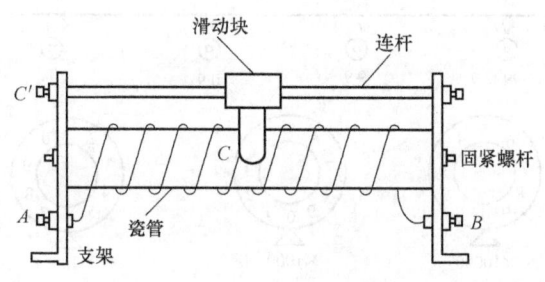

图 2.0-2　滑线变阻器结构图

串联到电路中，BC 部分不用。当滑动接头 C 向 A 端移动时，R_{AC} 减小；当 C 向 B 端移动时 R_{AC} 增大，从而改变电路中的总电阻，使负载中的电流得到控制。

2) 用作分压器：如图 2.0-4 所示。为了调节负载 R_Z 两端的电压，将滑线变阻器 A 端接电源正极，B 端接负极，负载从 BC 间取得电压 U_{BC}。当滑动接头 C 移向 A 时，U_{BC} 增大；当 C 移向 B 时，U_{BC} 减小。因此，调节滑动接头 C 的位置就能起到控制负载两端电压的作用。

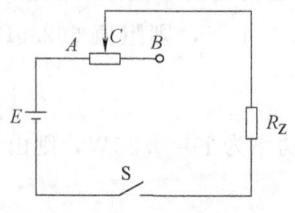
图 2.0-3　限流接法

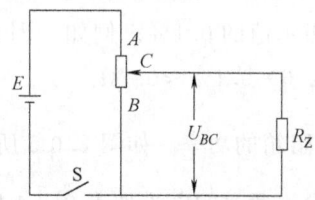
图 2.0-4　分压接法

需要指出的是，虽然滑线变阻器作限流器或分压器使用都有调节负载电路中电流和电压的作用，但是对于具体的负载和变阻器，两者的效果却大不相同。一般来说，当变阻器的总电阻比负载电阻小时，用作分压器的效果显著；而变阻器总电阻大于负载电阻时，更适于用作限流器。

2.2.2　旋转式电阻箱

电阻箱由若干个阻值准确的固定电阻元件按照一定的组合方式接在特殊的变换开关上构成。图 2.0-5 所示为电学实验室常用的 ZX21 型旋转式电阻箱的面板图，在箱面上有用于连接导线的 4 个接线柱 A、B、C 和 D，以及改变阻值的 6 个旋钮。当所需电阻 $R \leqslant 0.9\,\Omega$ 时，用 A、B 接线柱；当所需电阻 $1\,\Omega \leqslant R \leqslant 9.9\,\Omega$ 时，用 A、C 接线柱；当所需电阻 $10\,\Omega \leqslant R \leqslant 99999.9\,\Omega$ 时，用 A、D 接线柱。6 个旋钮的边缘上都标有 0，1，2，…，9 等数字，每个旋钮边缘的面板上有 ×0.1、×1、×10、×100、×1000、×10000 等数字，称为倍率。当某个旋钮上的数字旋到对准所示的倍率时，用倍率乘上旋钮的数字，即为其所对应的电阻值。如图 2.0-5 所示的电阻箱，面板上每个旋钮所对应的电阻分别为 6×100、6×10、2×1、6×0.1，则总电阻为：$R = 6 \times 100\,\Omega + 6 \times 10\,\Omega + 2 \times 1\,\Omega + 6 \times 0.1\,\Omega = 662.6\,\Omega$。

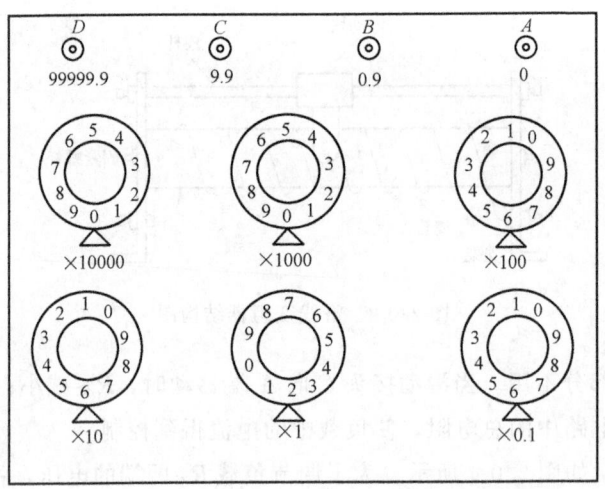

图 2.0-5　电阻箱面板图

使用时还需注意以下两个参数：

1) 电阻箱的准确度等级。如果为 0.1 级，表示该电阻箱在实际使用时阻值的相对误差不大于面板示值的 0.1%。例如，图 2.0-5 所示电阻箱为 0.1 级，则阻值 662.6Ω 的误差应估计为 $662.6 \times 0.1\% \approx 0.7\Omega$。

2) 电阻箱的功率。如图 2.0-5 所示，电阻箱的额定功率为 $P=0.25\mathrm{W}$，则由 $I=\sqrt{\dfrac{P}{R}}$ 得各档最大允许通过的电流如表 2.0-1 所示。

表 2.0-1　ZX21 电阻箱各档最大允许通过的电流

旋钮倍率	×0.1	×1	×10	×100	×1000	×10000
最大允许负载电流/A	1.58	0.5	0.158	0.05	0.0158	0.005

2.2.3　定值电阻

实验室常用的定值电阻实物如图 2.0-6 所示。在定值电阻上均会印有不同颜色的色环，它代表着电阻阻值的大小和误差。色环与数值的对应关系如表 2.0-2 所示。

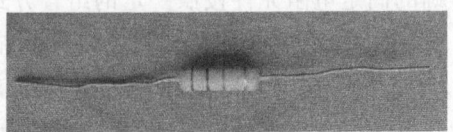

图 2.0-6　定值电阻实物图

表 2.0-2　电阻的色环与数值的关系

颜色	黑	棕	红	橙	黄	绿	蓝	紫	灰	白
数值	0	1	2	3	4	5	6	7	8	9

根据色环可以判断电阻阻值。如图 2.0-7 所示，右边第一条色环代表误差线，金色、银色和无色代表允许偏差分别为 5%、10% 和 20%。左边 3 条色环代表电阻示值。设左边第一条色环数值为 a，第二条色环数值为 b，第三条色环数值为 c，则电阻的标称值可以由下式得

$$R = (a \times 10 + b \times 1) \times 10^c \, \Omega \tag{2.0-1}$$

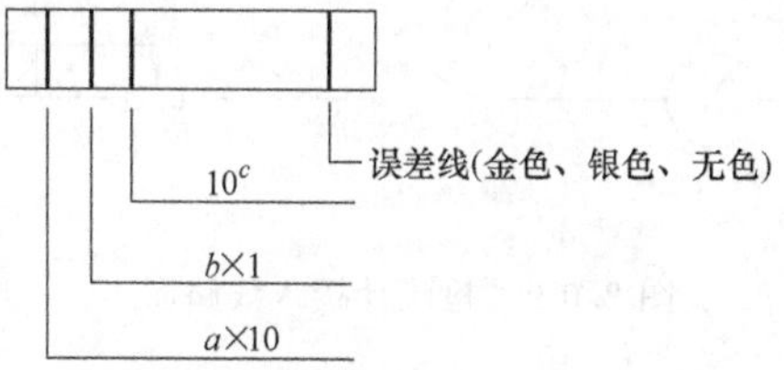

图 2.0-7 电阻的色环示意图

2.3 电表

电磁测量仪表种类繁多，在物理实验中常用的大部分是磁电系仪表。这类仪表是根据通电线圈在磁场中受到的作用力矩来反映电流大小的，具有灵敏度高，刻度均匀，便于读数等优点，缺点是抗过载能力差，因此使用中应特别小心。磁电系仪表只适用于测量直流电，要测交流电须经过整流元件整流。

磁电式仪表的表头结构如图 2.0-8 所示。在永久磁铁的两极上有一对半圆形的极掌，极掌之间有圆柱形软铁心，在它与极掌之间的气隙中形成均匀分布的辐射状磁场。在气隙中有一个活动线圈（称为动圈），线圈的转轴上固定着一根指针。当有电流通过时，线圈受电磁力矩的作用而偏转，直到电磁力矩与游丝的反扭力矩平衡。这时线圈与指针偏转角的大小与所通过的电流成正比。电流方向不同，指针偏转方向也不同。当电流为零时，线圈不偏转，指针应指在零标度处，若不在零处，可调节零点调节螺钉，使指针指零。

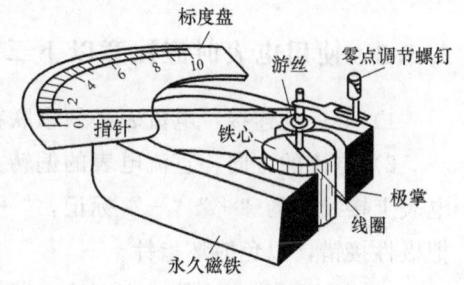

图 2.0-8 磁电式仪表基本结构图

2.3.1 由磁电系表头组合成的常用测量仪表

1. 指针式检流计

它实际上就是一个磁电系表头，主要特征是零点在刻度盘的中央。检流计的主要规格有：

（1）电流常数　指针偏转一小格代表的电流值。一般指针式检流计的电流常数为 $10^{-6} \sim 10^{-5}$ A/div。

（2）内阻　指针式检流计内阻约为 100Ω。

检流计主要用于检测小电流和小电势差。使用时经常与一个开关及一个可变电阻串联，如图 2.0-9 所示。检流计通常处于断开状态，仅当闭合开关时才被接入电路，因此非常方便用来检验电路中有无电流。可变电阻用来避免当过大电流通过检流计时损坏表头，也称为保护电阻。

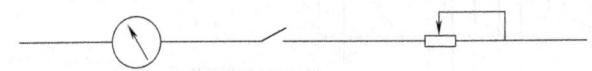

图 2.0-9 检流计接入线路图

2. 电压表（伏特表）

用来测量电路两点间电压的大小，其主要指标有：

（1）量程 即指针偏转满刻度时的电压值。一般电压表有两个或两个以上的量程。

（2）内阻 即电压表两端的电阻。同一电压表量程不同，其内阻也不同，但内阻与量程之比（内阻/量程）为一定值，称为每伏欧姆数。一般电压表面板上都标出每伏欧姆数（单位为 Ω/V）。由此可算出对应档的内阻，即内阻＝量程×每伏欧姆数。

3. 电流表（安培表）

用来测量电路中通过电流的大小，其主要指标有：

（1）量程 即指针偏转满刻度时的电流值。一般电流表也有多个量程。

（2）内阻 一般电流表内阻都在 0.1Ω 以下。毫安表、微安表的内阻可达几百到几千欧姆。

2.3.2 使用电表时应注意以下三个方面：

1）电表的连接：电流表必须串联在电路中；电压表应当与被测电压两端并联。

2）电流的方向：直流电表的偏转方向与所通过的电流方向有关，因此接线时必须注意电表上接线柱的"＋""－"标记，"＋"表示电流流入端，"－"表示电流流出端。切不可把极性接错，以免撞坏指针。

3）减小视差：读数时应正确判断指针位置。为了减小视差，读数时必须使视线垂直于刻度表面。精密电表的刻度尺旁附有镜面，仅当指针在镜中的像与指针重合时，指针所对刻度才是准确读数。

2.3.3 仪表的误差与电表的等级

我国国家标准规定电表的准确度等级为 0.1、0.2、0.5、1.0、1.5、2.5、和 5.0 共七级。它与电表内部结构特性和质量等方面的缺陷所引起的误差（称为基本误差）有关，通常用 a 表示。对于单向量程电表，基本误差定义为：在电表的标度尺测量范围内，所有分度线上可能出现的最大允许误差 $\Delta_{\max}$ 与其量程 x_n 比值的百分数值：

$$a\% \geqslant \frac{\Delta_{\max}}{x_n} \times 100\% \tag{2.0-2}$$

由此可估计被测量 x 的最大允许误差为

$$\Delta_{\max} = x_n \times a\% \tag{2.0-3}$$

相对误差为

$$E = \frac{\Delta_{\max}}{x} \times 100\% \tag{2.0-4}$$

2.4 电磁学实验注意事项

1) 电磁学实验大部分要用电学仪器和元件连接成一定的电路，因此，连接电路也是实验课的内容之一。在实验前的预习阶段，不仅要充分掌握实验原理，并按规定的符号画出电路图（常用仪表表面符号标记见表 2.0-3），而且还要了解仪器的功能和元件的特性。

表 2.0-3 常用仪表表面符号标记

名称	符号	名称	符号
检流计	G	欧姆表	Ω
安培表	A	兆欧表	MΩ
毫安表	mA	负端钮	−
微安表	μA	正端钮	+
伏特表	V	公共端钮	∗
毫伏表	mV	绝缘强度试验电压为 2kV	 ☆2
千伏表	kV	静电系仪表	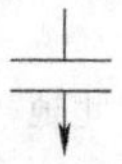 ⊥
指示测量仪表的一般标记	○	磁电系仪表	⊓
标度尺位置为垂直的	⊥	以示值的百分数表示准确度等级 例如 1.5 级标志为	 ①.5
标度尺位置为水平的	 ⊐	以标度尺量限百分数表示准确度等级例如 1.5 级标志为	1.5
II 级防外磁场及电场	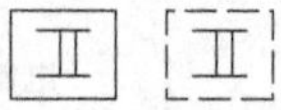 II II	调整器	 ⌒
直流电	—		
交流电	∼	电阻	▭
直流和交流	≂	熔断器（保险盒）	▭

（续）

名　称	符　号	名　称		符　号
导线交叉不连接		二极管		
导线连接		稳压管		
灯泡		电感线圈	一般	
			有铁心	
指示灯			铁氧体心	
屏蔽		变阻器（电位器）	一般	
接地			可断开	
接机壳			不可断开	
电池		开关	单刀单掷	
			单刀双掷	
电池组			双刀双掷	
热敏电阻		电容器	一般	
			可变	
			电解	

2) 实验时，按照"走线合理，操作方便，易于观察，实验安全"的原则布置仪器。也就是说，仪器的放置不一定要完全按照实验电路图相应的位置来摆布，而是一般将经常要调整或读数的仪器放在近处，其他仪器放在远处。使用不同电压的几种电源时，高压电源要远

离人身。

3) 仪器可调部位（旋钮、滑动端、换向档开关、按钮等）的预置。在操作前，应先将仪器的可调部位调到规定的（或估算的）位置：

① 使待测电路通过的电流最小；电路中串联的保护电阻或调节电阻调到最大。

② 使待测电路两端电压最小；直流稳压电源的电压输出调节旋钮应逆时针旋转到底，使输出电压为零；分压器的滑动端使分压为零。

③ 多量程的电流表、电压表的转换开关置于最大档位。

④ 先接电路后通电源，在电路中的电源线处于断开的状态下进行接线。不能正确地连线就不可能达到预期实验的目的。更严重的错误是接线不正确，又随意接电源，将会造成仪器损坏。必须严格遵守"先接电路，后通电源；先断电源，后拆电路"的规定。若电源为稳压电源或信号发生器等，则这些仪器的开关必须先置于"断"或"OFF"的位置（面板上没有"通""断"标志的仪器一般朝下或朝左是"断"。若电源为电池，则与电池连接的电源线暂勿接通。连线可按电路图，沿电势降落的方向逐一接线。在接入仪器前，先核对仪器的工作电压是否与供电电压相符，接好线后，先自行仔细检查一遍，再请教师复核和指导，最后才能接通电源。接电源时，必须同时观察整个线路上的所有仪器，如发现有异常现象（如指针反转或超出量限，或闻到焦臭味等），应立即切断电源，重新检查，分析原因。

⑤ 实验结束时，应按开始时相反的程序，即先将仪器的可调部位恢复到预置位置，再断开电源，最后拆除连线，将仪器排列整齐。

实验 2.1　学习使用万用表

【引言】

万用表是生产实践与科学实验中最常用的多功能仪表，可以测量多种电学量，如（交）直流电压、电流、电阻等。万用表一般具有多个量程，结构简单紧凑，携带方便，但准确度低，不适用于精密测量。

【实验目的】

1. 了解万用表的基本原理，尤其是欧姆档的设计原理。
2. 学习用万用表测量直流电压、直流电流和电阻，了解电表的接入误差。
3. 学习用万用表检查线路故障的一般方法。

【实验仪器】

直流电源、万用表、定值电阻等。

【实验原理】

万用表主要由磁电式表头、转换开关和扩程电阻等组成。不同型号万用表的扩程电阻的阻值不同,但电路结构大同小异。

1. 万用表的结构

(1) 直流电流档和电压档　万用表的直流电流档分流电阻 R_s 都是闭路抽头式。电压档则是用闭路抽头式的电流表为"等效表头",再串接分压电阻 R_{M1}、R_{M2}、R_{M3},如图 2.1-1 所示。

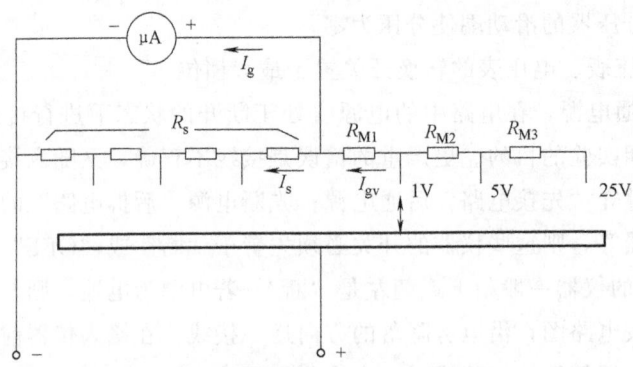

图 2.1-1　万用表直流电流档、电压档线路

(2) 交流电压档　万用表的表头是磁电式表头,只适用于测量直流电压。交流信号须经过整流后,变成直流才可进行测量。一般万用表交流电压档测量出的是交流电压的有效值。

图 2.1-2 为半波整流式等效表头,其中 D_1 为串联于表头的二极管,D_2 是为了使 D_1 在电压反向时不被击穿而设置的,其工作过程如下:

当 A 端为高电势(+)时,电流经过线路为 A→D_1→表头→B,当 B 端为高电势(+)时,电流经过线路为 B→D_2→A,不流经表头。因此每周只有半周通过表头,故称为半波整流。多量程的交流电压档是在包含有半波整流(或全波整流)的等效表头上,再附加分压电阻而成,其形式与直流电压档相同。

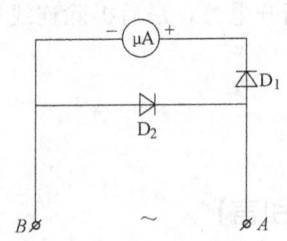

图 2.1-2　半波整流式等效表头

(3) 电阻档(欧姆档)的设计

1) 欧姆表的工作原理:万用表欧姆档的原理如图 2.1-3 所示,其中虚线框内部分为欧姆表,a、b 为两接线柱(表笔插孔)。E 是电源(干电池),它与限流电阻 R_0 及微安表头相串联。测量时将待测电阻 R_x 接在 a、b 上。由欧姆定律可知回路中的电流为

$$I = \frac{E}{(r_E + R_0 + r_g) + R_x} \qquad (2.1\text{-}1)$$

式中,E 为电池的电动势;r_E 为电池的内阻;r_g 为表头内阻。由式(2.1-1)可以看出,对于给定的欧姆表电路,当 E、r_g、R_0、r_E 一定时,表头指针偏转大小(即电流表读数)与被测电阻 R_x 的阻值有一一对应的关系(虽然不是线性关系)。

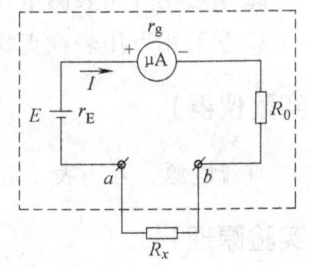

图 2.1-3　万用表欧姆档的原理图

如果将电表的读数盘预先按式（2.1-2）的关系刻度，如在图 2.1-4 中由上往下的第一排刻度线，则可直接从表盘上读出被测电阻的阻值 R_x。将式（2.1-1）变形，得

$$R_x = \frac{E}{I} - (r_E + R_0 + r_g) \tag{2.1-2}$$

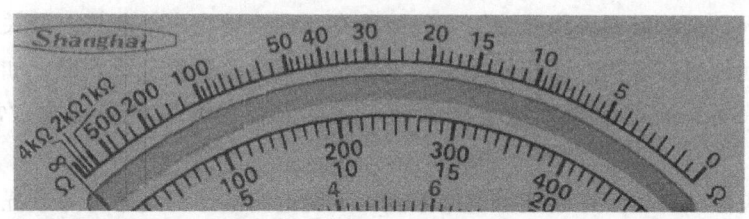

图 2.1-4　万用表欧姆档刻度

当图 2.1-3 中的 a、b 两端开路，即 $R_x = \infty$ 时，$I=0$，这时指针在零位；当 a、b 两点用表笔短接，$R_x = 0$，有

$$I = I_{gm} = \frac{E}{r_E + R_0 + r_g} \tag{2.1-3}$$

这时指针在满刻度处。可见，当被测电阻阻值由零变化到无穷大时，表头指针则由满刻度变化到零。所以欧姆表的标度和电流档、电压档相反。当被测电阻 $R_x = r_E + R_0 + r_g$ 时，有

$$I = \frac{E}{2(r_E + R_0 + r_g)} = \frac{I_{gm}}{2} \tag{2.1-4}$$

即当被测电阻等于欧姆表总内阻时，指针在刻度标尺中心位置，此阻值称为中值电阻。

2）调零电路：上述欧姆表的刻度是根据电池的电动势 E 和内阻 r_E 不变的情况下设计的。但是实际上，电池在使用过程中内阻会不断增加，电动势也会逐渐减小。这时若将表笔短路，指针就不会满偏指在"0"欧姆处，这一现象称为电阻档的零点偏移，它给测量带来一定的系统误差。对此，最简单的克服方法是调节限流电阻 R_0，使指针满偏指向零欧姆处。但这会改变欧姆表的内阻，使其偏离标度尺的中间刻度值，从而引起新的系统误差。

较合理的电路是在表头回路里接入对零点偏移起补偿作用的电位器 R_J，如图 2.1-5 所示。电位器上的滑动触头把 R_J 分成两部分。一部分与表头串联，另一部分与表头并联。当电动势增加或内阻减小，致使电路中的总电流偏大时，可将滑动触头下移，以增加与表头串联的阻值，而减小与表头并联的阻值，使 R_P 分流电流增加，以减少流经表头的电流。而当实际的电动势低于标称值，或内阻高于设计标准，致使总电流偏小时，可将滑动触头上移，以增加表头电流。总之，调节电位器 R_J 的滑动触头可以使表笔短路时流经表头的电流保持满标度电流。

电位器 R_J 称为调零电位器。改变调零电位器 R_J 的滑动触头，整个表头回路的等效电阻 R_g 随之改变，因而中值电阻 $R_中 = r_E + R_0 + R_g$ 也会有变化。为了减小这个变化对测量结果带来的误差，通常在设计欧姆表时，都是先设计 $R \times 1000\Omega$ 档，这一档的中值

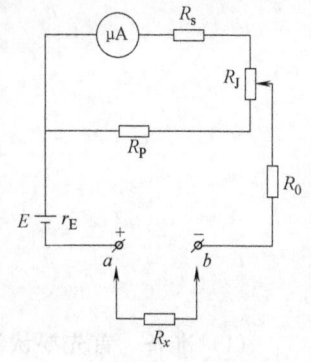

图 2.1-5　欧姆表调零电路

电阻约为 $25\mathrm{k}\Omega$，是一个很大的电阻，R_g 变化对它的影响就可以忽略不计。对于 $R\times100\Omega$、$R\times10\Omega$、$R\times1\Omega$ 各档，则采用给 $R\times1000\Omega$ 并联分流电阻的办法来减小误差。

2. 用万用表检查电路

万用表常用来检查电路，发现故障。实验中遇到线路连接经检查无误，但合上开关不能正常工作的情况，这就需要寻找故障。一般故障有 3 种：导线内部断线、开关或接线柱接触不良、电表或元件内部损坏。这些故障有的可以根据发生的现象分析判断，如仪表指针的偏转、指示灯不亮等，有的故障无法直观判断，这就需要用万用表来检查。常用的方法有两种：

（1）电压表法　首先要正确理解电路原理，了解电路电压的正常分布状况，然后在接通电源的情况下，从电源两端开始沿（或逆）电流通向逐个检查各接点的电压分布。出现电压反常之处，就是故障之所在。

（2）欧姆表法　将电路逐段拆开，特别要注意将电源和电表断开，而且应使待测部分无其他分路。用欧姆表检查各部分电路的电阻分布，或者检查导线和接触点通或不通。

3. 万用表的操作规程

万用表有很多种型号，以适应各种不同场合的用途。常见万用表都包含有直流电压档 V、直流毫安档 mA、欧姆档 Ω、交流电压档 V 等基本部分。有的万用表还增添了一些其他功能档，使用时可参阅其说明书。现以 MF30 型万用表（见图 2.1-6）为例，说明万用表的一般操作规程。

图 2.1-6　MF30 型万用表

（1）准备　首先要认清万用表的面板和刻度；其次根据待测量的种类（交流或直流、电压、电流或电阻）及大小，将选择开关旋至合适的位置（不知待测量的大小时，应选择最大量程试测）；然后接好表笔（万用表的正端应接红色表笔，负端应接黑色表笔）。

（2）测量

1）若用 mA 档测电流，必须将万用表串联在电路中；用 V 档测电压，万用表应与待测对象并联。

2）当测直流电压和电流时，表笔正负不能接反。

3）执表笔时手不能接触任何金属部分。

4）测试时应采用跃接法，即在用表笔接触测量点的同时，注视电表指针的偏转情况，并随时准备有不正常现象（反转或超量程）出现时，立即使表笔离开测量点。

5）使用 Ω 档时应注意：①每次换档后都要调节欧姆表零点（即将两表笔短接，同时调节调零旋钮"⌒Ω⌒"，使指针指到"0Ω"刻度）；②不得测带电的电阻；③不得测额定电流极小的电阻，如灵敏电流计的内阻。

6）结束：使用完毕必须将选择开关拨到"交流电压最大量程档"或"OFF"按钮处，以防下次使用者不小心而损坏万用表。

【实验内容与要求】

1. 测直流电流

按图 2.1-7 所示接好电路，选择合适电流量程，测出图 2.1-7 电路中的电流 I（注明所选量程），并估算不确定度。

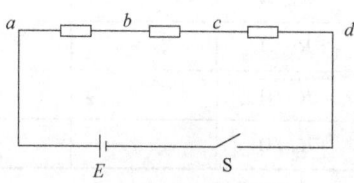

图 2.1-7　测量电路图

2. 测直流电压

选择合适的电压量程，分别测出图 2.1-7 电路中的电压 U_{ab}、U_{bc}、U_{cd}、U_{ad}（注明所选量程），并估算不确定度。

3. 测电阻

断开图 2.1-7 电路中的电源，选择合适的欧姆档分别测出三个电阻阻值 R_{ab}、R_{bc}、R_{cd} 和总电阻 R_{ad}（注明所选倍率），并估算不确定度。

4. 判断二极管的正、负极。

*5. 查故障

按图 2.1-8 所示连接线路，当接通电路电压表有指示而电流表无指示时，用电压检查法查故障。

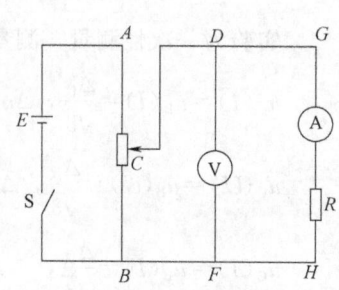

图 2.1-8　检查线路故障图

【问题讨论】

1. 用 A 档测电流时，万用表应怎样接入电路中？用 V 档测电压时，万用表应怎样接入电路中？使用欧姆档时，应注意什么？

2. 万用表上通常有两个调零器，分别说明它们的作用。

3. 万用表的欧姆档为什么不能测带电的电阻？为什么不能测表头内阻？

【数据记录表范例】

表 2.1-1 测直流电流的数据记录表

待测量	量程/mA	分度值/(mA/div)	读数	测量结果 $\bar{I}\pm\mu_C(I)$
I/mA				

准确度等级 $a_I =$ _____

表 2.1-2 测直流电压的数据记录表

待测量	量程/V	分度值（V/div）	读数	测量结果 $\bar{U}\pm\mu_C(U)$
U_{ab}/V				
U_{bc}/V				
U_{cd}/V				
U_{ad}/V				

准确度等级 $a_U =$ _____

表 2.1-3 测电阻的数据记录表

待测量	倍 率	读 数	测量结果 $\bar{R}\pm\mu_C(R)$
R_{ab}/Ω			
R_{bc}/Ω			
R_{cd}/Ω			
R_{ad}/Ω			

准确度等级 $a_R =$ _____

【误差分析】

实验为一次性测量，测量结果由 B 类不确定度评价：

$$u_C(I) = u_B(I) = \frac{\Delta_{仪}}{\sqrt{3}}, \quad \Delta_{仪} = 量程 \times 准确度等级\% = I_n = a_I\%$$

$$u_C(U) = u_B(U) = \frac{\Delta_{仪}}{\sqrt{3}}, \quad \Delta_{仪} = 量程 \times 准确度等级\% = U_n \times a_U\%$$

$$u_C(I) = u_B(I) = \frac{\Delta_{仪}}{\sqrt{3}}, \quad \Delta_{仪} = 示值 \times 准确度等级\% = R \times a_R\%$$

实验 2.2　示波器的使用

【引言】

示波器是一种显示各种电压波形的仪器，它利用被测信号产生的电场对示波管中电子运动的影响来反映被测信号电压的瞬变过程。由于电子惯性小，荷质比大，所以示波器具有较宽的频率响应，用以观察变化极快的电压瞬变过程，因而具有较广的应用范围。一切能转换为电压信号的电学量（如电流、电功率、阻抗等）和非电学量（如温度、位移、速度、压力、频率等），其随时间的瞬变过程都可以用示波器进行观察与分析。

【实验目的】

1. 了解示波器的结构和工作原理。
2. 初步掌握示波器和信号发生器各个旋钮的作用和使用方法。
3. 学习利用示波器观察电信号的波形，测量电压、周期和频率。

【实验仪器】

示波器、信号发生器。

【实验原理】

1. 示波器的结构及基本工作原理

（1）示波器的结构　示波器的结构如图 2.2-1 所示，主要由示波管、电子放大系统、同步电路、扫描触发系统、电源五大部分组成。

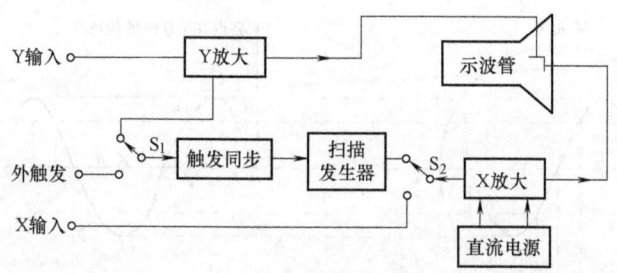

图 2.2-1　示波器工作原理

（2）示波器的基本工作原理

1）示波管的结构和工作原理。示波管是呈喇叭形的玻璃泡，被抽成高真空，内部装有电子枪和两对相互垂直的偏转板，喇叭口的球面内壁上涂有荧光物质，构成荧光屏。图 2.2-2 是示波管的构造图。

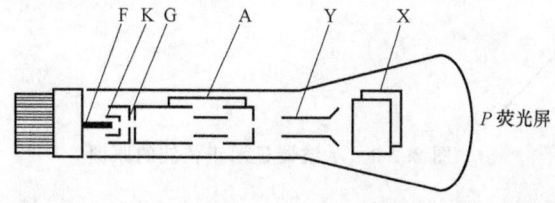

图 2.2-2　示波管构造图

电子枪由灯丝 F、阴极 K、栅极 G 以及一组阳极 A 所组成。灯丝通电后变得炽热，遂使阴极发热而发射电子。由于阳极电势高于阴极,所以电子被阳极电压加速。当高速电子撞击在荧光屏上时,会使荧光物质发光,在屏上就能看到一个亮点。改变阳极组的电势分布,可以使不同发射方向的电子恰好会聚在荧光屏的某一点上,这种调节称为聚焦。栅极 G 电势较阴极 K 低,改变栅极 G 电势的高低,可以控制电子枪发射电子流的密度,甚至完全不使电子通过,这称为辉度调节,实际上就是调节荧光屏上亮点的亮暗。

Y 偏转板是水平放置的两块电极。当 Y 偏转板上电压为零时,电子束正好射在荧光屏正中 P 点。如果 Y 偏转板加上电压,则电子束受到电场力的作用,运动方向发生上下偏移。如果所加的电压不断发生变化,P 点的位置也随着在铅直线上移动,在屏上看到的是一条铅直的亮线。荧光屏上亮点在铅直方向位移 Y 和加在 Y 偏转板的电压 U_Y 成正比。

X 偏转板是垂直放置的两块电极。若在 X 偏转板上加一个变化的电压,那么,荧光屏上亮点在水平方向的位移 X 与加在 X 偏转板的电压 U_X 成正比,于是在屏上看到的则是一条水平的亮线。

2)示波器显示波形的原理:如果在 Y 偏转板上加上一个随时间做正弦变化的电压 $U_Y = U_{Ym}\sin\omega t$,那么在荧光屏上仅看到一条铅直的亮线,而看不到正弦曲线。只有同时在 X 偏转板上加上一个与时间成正比的锯齿形电压 $U_X = U_{Xm}t$,才能在荧光屏上显示出信号电压 U_Y 和时间 t 的关系曲线,其原理如图 2.2-3 所示。

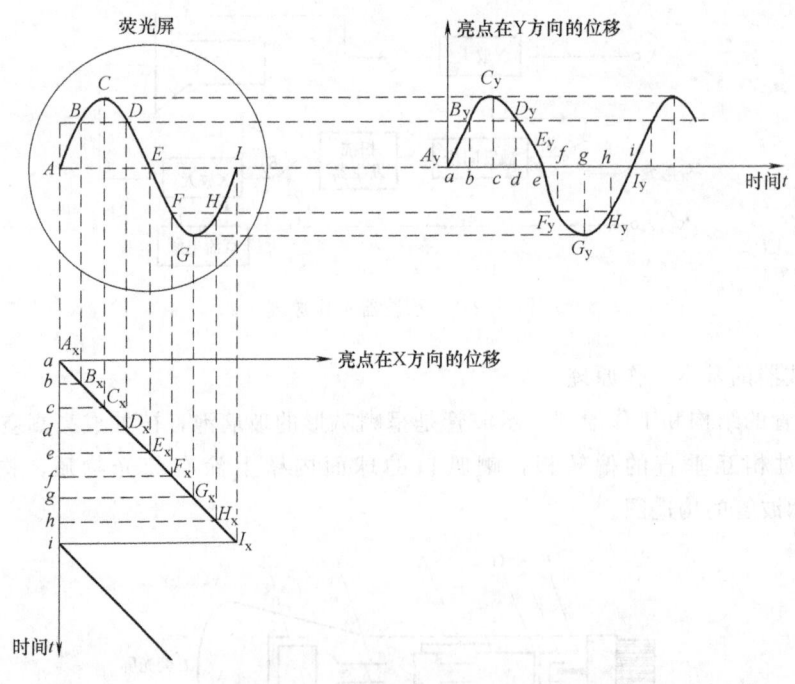

图 2.2-3 示波器显示正弦波的原理

设在开始时刻 a,电压 U_Y 和 U_X 均为零,荧光屏上亮点在 A 处,时间由 a 到 b。在只有电压 U_Y 作用时,亮点沿铅直方向的位移为 AB_Y,屏上亮点在 B_Y 处,而在同时加入 U_X 后,电子束既受 U_Y 作用向上偏转,同时又受 U_X 作用向右偏转(亮点水平位移为 bB_X),因而亮

点不在 B_Y 处，而在 B 处。以此类推，随着时间的推移，便可显示出正弦波形来。因此，在荧光屏上看到的正弦曲线实际上是两个相互垂直的运动（$U_Y=U_{YM}\sin\omega t$ 和 $U_X=U_{Xm}t$）合成的轨迹。

由上可见，要想观测加在 Y 偏转板上电压 U_Y 的变化规律，必须在 X 偏转板上加上锯齿形电压，把 U_Y 产生的垂直亮线"展开"。这个展开过程称为"扫描"，锯齿形电压又称为扫描电压。

上面讨论的波形因为 U_Y 和 U_X 的周期相同，荧光屏上显示出一个正弦波形，若频率 $f_Y=Nf_X(N=1,2,3,\cdots)$，则荧光屏上将出现一个，两个，三个稳定的正弦波形。只有当 f_Y 为 f_X 的整数倍时，正弦波形才能在荧光屏上稳定。为了在荧光屏上得到稳定不动的信号波形，一般采用被测信号来控制扫描电压的产生时刻，称为触发扫描。只有被测信号达到某一个定值时，扫描电路才开始工作，产生一个锯齿波，将被测信号显示出来。由于每次被测信号触发扫描电路工作的情况都是一样的，所以显示的波形也相同。这样，在荧光屏上看到的波形就稳定不动了。

2. 测量原理

（1）测量信号的电压和周期　用示波器测量信号的电压，一般是测量其峰-峰值 U_{p-p}，即信号的波峰到波谷之间的电压值。在选择适当的通道垂直偏转灵敏度 K_Y（V/div）和扫描速率 K_X（μs/div）后，只要从屏上读出峰-峰值对应的垂直距离 B（div）和一个周期对应的水平距离 A（div），即可求出信号的电压 U 和周期 T。

$$U_{P-P}=B\times K_Y \tag{2.2-1}$$

$$T=A\times K_X \tag{2.2-2}$$

正弦信号的有效值 U 和峰-峰值 U_{P-P} 的关系为

$$U=\frac{1}{2\sqrt{2}}U_{P-P} \tag{2.2-3}$$

（2）观察李萨如图形，测信号频率　一个质点同时在 X 轴和 Y 轴上做简谐振动，如果它们的振动频率相同或成简单整数比，那么所形成的图形就是李萨如图形。设两个互相垂直的振动为

$$x=A_1\cos(2\pi f_1 t+\varphi_1)$$
$$y=A_2\cos(2\pi f_2 t+\varphi_2)$$

式中，f_1、f_2 为两振动的频率；φ_1、φ_2 为两振动的初相。当 $f_1=f_2$ 时，合成振动的轨迹方程为

$$\frac{x^2}{A_1^2}+\frac{y^2}{A_2^2}-2\frac{xy}{A_1A_2}\cos(\varphi_2-\varphi_1)=\sin^2(\varphi_2-\varphi_1) \tag{2.2-4}$$

式（2.2-4）是一个椭圆方程。当 $\varphi_2-\varphi_1=0$ 或 $\pm\pi$ 时，椭圆退化为一条直线；当 $\varphi_2-\varphi_1=\pm\pi/2$ 时，合成轨迹为一圆。

图 2.2-4 是几种相位和频比的李萨如图形，人们总结出如下规律：如果作一个限制光点在 X、Y 方向运动的假想矩形框，则图形与此矩形框相切时，竖边上的切点数 n_Y 与横边上的切点数 n_X 之比恰好等于两振动的频率之比，即

$$f_X:f_Y=n_Y:n_X \text{ 或 } n_Xf_X=n_Yf_Y \tag{2.2-5}$$

大学物理实验

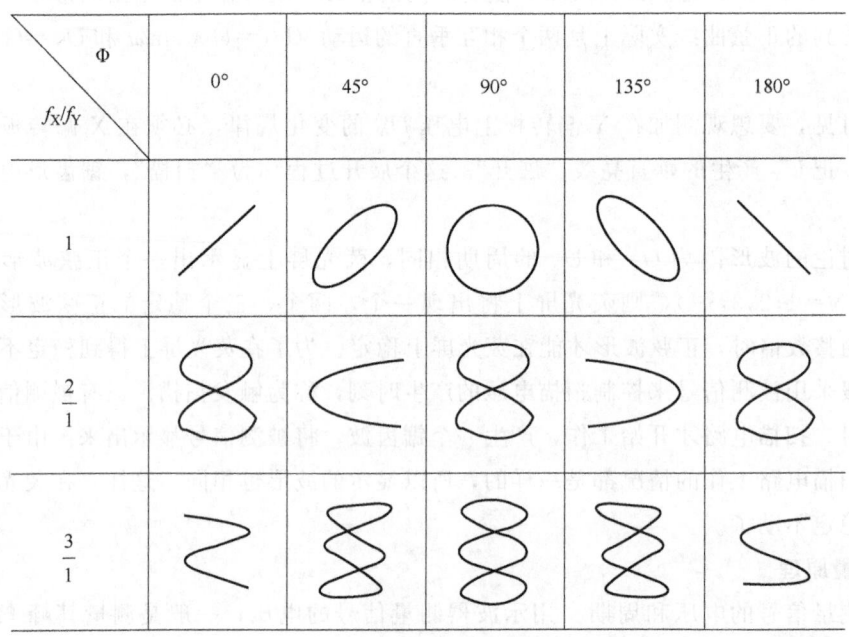

图 2.2-4　几种相位和频比的李萨如图形

因此，若已知其中一个信号的频率，从李萨如图形上数得切点数 n_X 和 n_Y，则可以求出另一待测信号的频率。

【实验内容与要求】

1. 熟悉示波器和信号发生器上各个旋钮的作用。

2. 用示波器观察信号发生器产生的波形。调节信号发生器的输出波形为正弦波、斜波、方波，然后用示波器观察，并记录波形。

3. 用示波器测量正弦波的电压。将信号发生器产生的正弦波输出幅度分别调到 1V、5V、10V，然后用示波器测量正弦波的峰-峰值。

4. 用示波器测量正弦波的周期。将信号发生器产生的正弦波频率分别调到 50Hz、200Hz、1000Hz，并使示波器显示 1~2 个周期的正弦波，用示波器测量正弦波的周期，然后换算出频率。

5. 用李萨如图形测量频率。将一信号发生器的输出端接到示波器 Y 轴输入端上，调节信号发生器输出电压的频率为 50Hz，并作为标准信号频率 f_Y。再将另一信号发生器输出端接到示波器 X 轴输入端上，作为待测信号频率 f_X，用示波器显示图 2.2-4 相应的李萨如图形，并求出待测信号频率 f_X。

【实验注意事项】

1. 示波器一般要避免频繁启动、关机。

2. 在示波器屏幕上显示的图像,其光的亮度要适中,不要太亮。

3. 当信号发生器无波形输出时,请检查按键 Channel 是否打开。

【仪器简介】

1. UTD2025CL 数字示波器面板(见图 2.2-5)

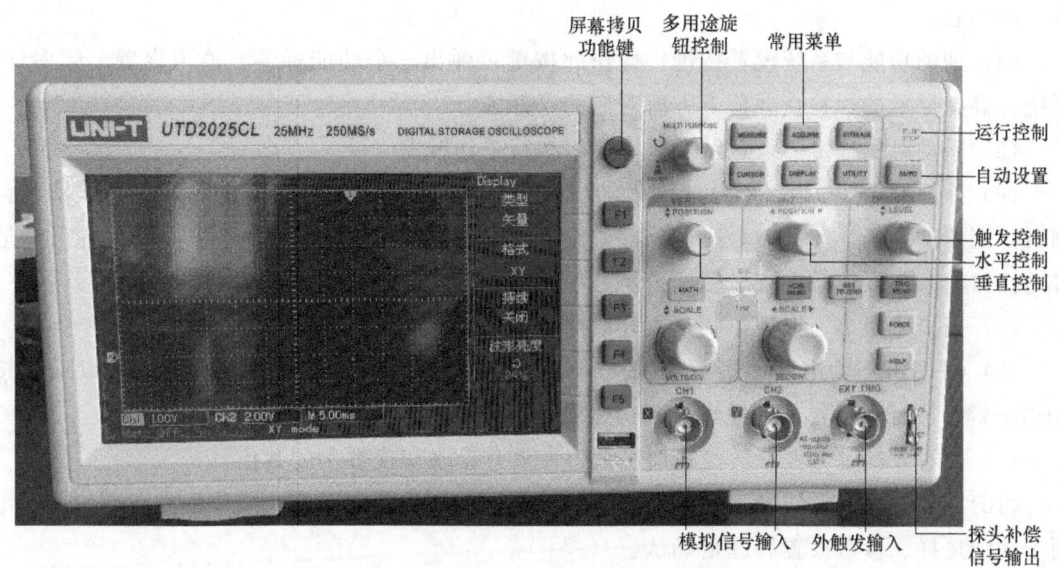

图 2.2-5　UTD2025CL 数字示波器面板图

2. UTG6005B 函数发生器面版(图 2.2-6)

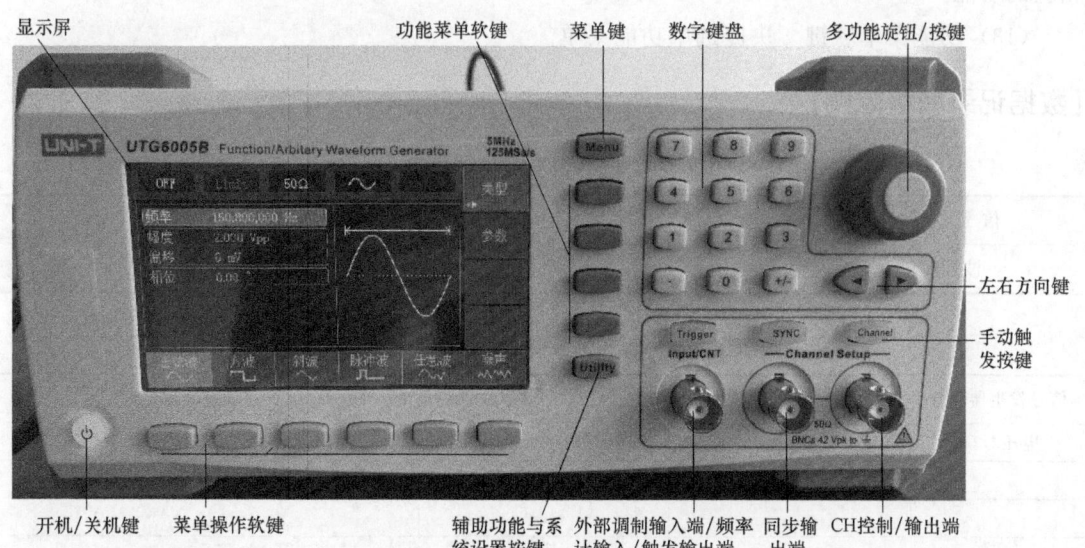

图 2.2-6　UTG6005B 函数发生器面板图

3. 函数信号发生器按键介绍

（1）显示屏　显示通道的输出状态、功能菜单和其他重要信息，使人机交互界面更友好。

（2）开/关机键　启动或关闭仪器，按此键背光灯亮，随后显示屏显示开机界面后再进入功能界面。

（3）菜单操作软键　通过软键标签的标识对应地选择或查看标签（位于功能界面的下方）的内容。

（4）辅助功能与系统设置按键　操作此按键可弹出三个功能标签：通道设置、频率计、系统，高亮显示的标签在屏幕下方有对应的子标签。

（5）手动触发按键　设置触发，键亮时执行手动触发。

（6）外部调制输入端/频率计输入端/触发输出端　在 AM、FM、PM 或 PWM 信号调制时，当调制源选择外部时，通过外部调制输入端输入调制信号；在开启频率计功能时，通过此接口输入待测信号；在启用通道信号手动触发时，通过此端口输出手动触发信号。

（7）同步输出端　按键控制是否开启同步输出。

（8）CH 控制/输出端　可通过按 Channel 键快速开启/关闭通道输出，也可以通过按 Utility 键弹出标签后再按通道设置软键来设置。

（9）左右方向键　在参数设置时，通过左右移动来切换数字的数位。

（10）多功能旋钮/按键　用于改变数字（顺时针旋转数字增大）或作为方向键使用，可用于功能选择、参数设置和选定确认。

（11）数字键盘　用于输入所需参数的数字键 0～9、小数点"."、符号键"＋/－"。小数点"."可以快速切换单位。

（12）菜单键　弹出三个功能标签：波形、调制、扫频，按对应的功能菜单软键可获得相应的功能。

（13）功能菜单软键　快捷选中功能菜单。

【数据记录表格范例】

表 2.2-1　波形观察记录表

信号类型	正弦波	斜波	方波
波形图			

表 2.2-2　正弦信号电压测量数据记录表

信号发生器读数		示波器测量值	
电压 U/V	偏转灵敏度 K_Y/(V/div)	波峰与波谷的距离 B/div	电压的峰-峰值 $U_{P-P}=B\times K_Y$/V

表 2.2-3　正弦信号周期与频率测量数据记录表

信号发生器读数	示波器测量值			
频率 f/Hz	扫描速率 K_X/(μs/div)	1个周期在 X 轴上的距离 A/div	周期 $T=A\times K_X$/s	频率 $f=\dfrac{1}{T}$/Hz

表 2.2-4　用李萨如图形测量正弦信号频率数据记录表

李萨如图形	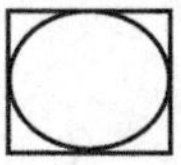	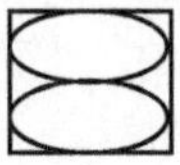	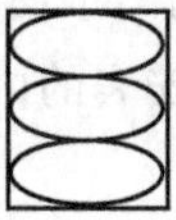
n_X			
n_Y			
（示波器测得）计算值 f_X/Hz			

标准信号频率 $f_Y=50\mathrm{Hz}$

实验 2.3　电表的改装

【引言】

表头（微安表）只允许通过微安级电流，一般只能测量很小的电流和电压，如果要用它来测量较大的电流或电压，就必须进行改装，以扩大其量程。

【实验目的】

1. 掌握扩大电表量程的方法。
2. 学习电表的校准方法。

【实验仪器】

直流电源、表头（微安表）、电阻箱、标准电流表、标准电压表、滑线变阻器。

【实验原理】

1. 微安表内阻的测定

要将一给定的 μA 表改装成符合需要的电流表或电压表，需确知它的两个参数，μA 表的内阻 r_g（包括线圈的直流电阻，引线电阻和接触电阻的总和）和满刻度电流值 I_{gm} 或相应的 μA 表最大电压降 $U_{gm}=I_{gm}r_g$。

I_{gm} 一般可由表盘上直接读出。r_g 一般要在改装前实际测定。常采用的方法是替代法。

取一只与待测微安表μA量程相近的微安表μA$_S$作为比较微安表，将两者通过换向开关S$_2$串联起来，如图2.3-1所示。因为微安表μA允许通过的电流很小，所以要用变阻器R$_0$控制电流。接通S$_1$后，先将S$_2$拨向待测微安表μA，调节变阻器R$_0$，使μA的指针偏转至某一示值，记下比较微安表μA$_S$的读数。再断开S$_1$，调节电阻R$_1$阻值为较大，再将S$_2$拨向R$_1$，保持滑动变阻器R$_0$的位置不变。接通S$_1$后，调节R$_1$使μA$_S$的读数达到刚记下的数值，这时待测微安表的内阻为

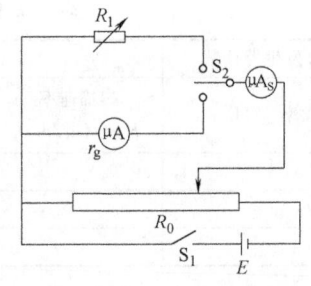

图2.3-1 替代法测量微安表内阻电路图

$$r_g = R_1 \tag{2.3-1}$$

2. 扩大电流表量程的方法

扩大电流表量程的方法是在μA表（表头）两端并联电阻R$_P$，如图2.3-2所示，使超过μA表所能承受的那部分电流从R$_P$流过。R$_P$称为分流电阻。由μA表和分流电阻R$_P$组成的整体，就是一般的安培表或电流表。选用大小不同的R$_P$可得到不同量程的电流表。如要求改装后的电流表量程为I，通过μA表的电流为I_{gm}，则通过R$_P$的电流为$I-I_{gm}$，根据欧姆定律

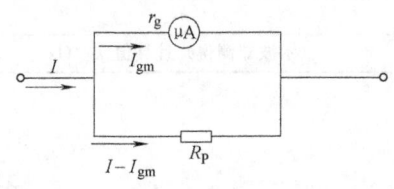

图2.3-2 扩大电流表量程电路

$$U_{gm} = I_{gm} r_g = (I - I_{gm}) R_P$$

得

$$R_P = \frac{I_{gm}}{I - I_{gm}} r_g \tag{2.3-2}$$

μA表的规格I_{gm}实验室给出，r_g自己测出。根据需要的电流表量程I，由式（2.3-2）就可算出应并联的电阻R$_P$的值。

3. 扩大电压表量程的方法

μA表可用来测量很低的电压，例如电流量程为$I_{gm}=100\mu A$、内阻$r_g=1000\Omega$的微安表，如果用作毫伏表，则电压量程为$U_{gm}=I_{gm}r_g=100mV$，远小于常见待测电压值。为了扩大电压量程，如图2.3-3所示，可在μA表上串联一个电阻R$_F$，使得它与μA表内阻r_g按比例分担待测电压的电势降落。因此R$_F$称为分压电阻。

由于

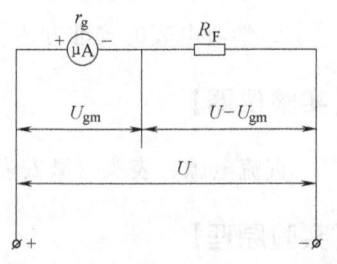

图2.3-3 扩大电压表量程电路

$$U = I_{gm}(r_g + R_F) = U_{gm} + I_{gm} R_F$$

则有

$$R_F = \frac{U - U_{gm}}{I_{gm}} = \frac{U}{I_{gm}} - r_g \tag{2.3-3}$$

由式（2.3-3）不难求出要使表头量程由U_{gm}扩大到U所需串联的电阻R$_F$的值。

4. 电流表与电压表的校准与定级

1) 校准电流表电路如图 2.3-4 所示。
2) 校准电压表电路如图 2.3-5 所示。

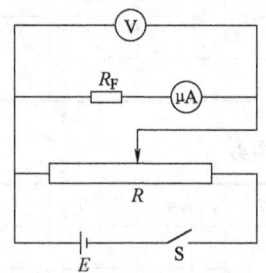

图 2.3-4　校准电流表电路图

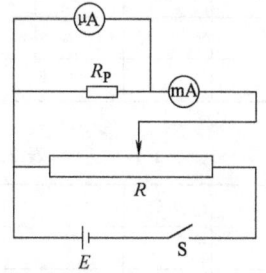

图 2.3-5　校准电压表电路图

3) 在待校准电流表（或电压表）量程范围内，均匀取 10~15 个值校准电流表（或电压表）。值 I（或 U）由待校准的电表直接读出，用标准电流表（或电压表）测定它的准确值 I_P（或 U_P）。

4) 确定电表的级别 a。算出 $|I_P - I|_{max}$（或 $|U_P - U|_{max}$），根据关系式

$$\delta = \frac{|I_P - I|_{max}}{I_n} \times 100 \left(\text{或 } \delta = \frac{|U_P - U|_{max}}{U_n} \times 100 \right)$$

由 $a \geqslant \delta$ 得出待测电表的级别，式中 I_n（或 U_n）为待校电流表（或电压表）量程的值。根据算出的 δ 值，取 0.1、0.2、0.5、1.0、1.5、2.5、5.0 等 7 个数值中大于且最接近或等于 δ 的一个数，这就是该电表的级别 a。例如，算出 δ 为 1.1，该电流表（或压表）定级 a 为 1.5 级。

5) 以 I（或 U）为横坐标，$I_P - I$（或 $U_P - U$）为纵坐标，作误差曲线图。（注意：误差曲线是将两相邻的误差点用直线连接起来，因此总的曲线是由许多折线组成的，这是因为各误差点之间没有一个确定的关系。）

【实验内容与要求】

1. * 测 200 μA 的微安表的内阻。

2. 将 200 μA 的微安表扩程为 60mA 的毫安表，并校准改装后的电流表（用坐标纸作校准曲线，并给改装表定级）。

3. 将 200 μA 的微安表改装为 2V 的电压表，并校准改装后的电压表（用坐标纸作校准曲线，并给改装表定级）。

【问题讨论】

1. 怎样计算改装电表的扩程电阻（分流电阻 R_P 和分压电阻 R_F）？

2. 如果对改装电表进行校准时发现，改装表的读数都偏高（或偏低）于标准表，是什么原因？应该采取什么措施？

【数据记录表格范例】

表 2.3-1 校准电流表的数据记录表　　　　　单位：mA

I	0	6	12	18	24	30	36	42	48	54	60
I_P											
$I-I_P$											

表 2.3-2 校准电压表的数据记录表　　　　　单位：V

U	0	0.2	0.4	0.6	0.8	1	1.2	1.4	1.6	1.8	2
U_P											
U_P-U											

实验 2.4　用惠斯通电桥测电阻

【引言】

在用伏安法测电阻时，除了因所用电流表和电压表准确度不高带来的误差外，还存在着与测量电路有关的电表的接入误差。为避免伏安法带来的上述误差，可用比较电势的方法测量。由于电势的比较和检测在技术上容易达到很高的灵敏度，而标准电阻元件的制造也能够做得非常精确，所以在此基础上设计的电桥电路，不仅可用于电阻的精确测量，而且在电容、电感、频率和温度等多种物理量的检测以及自动控制技术中有着广泛的应用。

【实验目的】

1. 掌握用惠斯通电桥测电阻的原理及方法。
2. 学习测量电桥灵敏度的方法。

【实验仪器】

直流电源、电阻箱（3个）、滑线变阻器（2个）、检流计、待测电阻、箱式电桥。

【实验原理】

惠斯通电桥的原理如图 2.4-1 所示。图中 ab、bc、cd 和 da 四条支路分别由电阻 R_1（R_x）、R_2、R_3 和 R_4 组成，称为电桥的四条桥臂。通常，桥臂 ab 接待测电阻 R_x，其余各臂电阻都是可调节的标准电阻。在 bd 两对角间连接检流计、开关和限流电阻 R_G。在 ac 两对角间连接电源、开关和限流电阻 R_E。当接通开关 S_E 和 S_G 后，各支路中均有电流流通。检流计支路起到沟通 abc 和 adc 两条支路的作用，可直接比较 bd 两点的电势，电桥之名即由此而来。适当调整各臂的电阻值，可以使流过检流计的电流为零，即 $I_G=0$。这时，称电桥

达到了平衡。平衡时 b、d 两点的电势相等。根据分压器原理可知，

$$U_{bc} = U_{ac} \frac{R_2}{R_1 + R_2} \quad (2.4\text{-}1)$$

$$U_{dc} = U_{ac} \frac{R_3}{R_3 + R_4} \quad (2.4\text{-}2)$$

平衡时，$U_{bc} = U_{dc}$，即 $\dfrac{R_2}{R_1 + R_2} = \dfrac{R_3}{R_3 + R_4}$

整理化简后得到 $\quad R_1 = \dfrac{R_2}{R_3} R_4 = R_x \quad (2.4\text{-}3)$

由式（2.4-3）可知：待测电阻 R_x 等于 $\dfrac{R_2}{R_3}$ 与 R_4 的乘积。通常称 R_2、R_3 为比例臂，与此相应的 R_4 为比

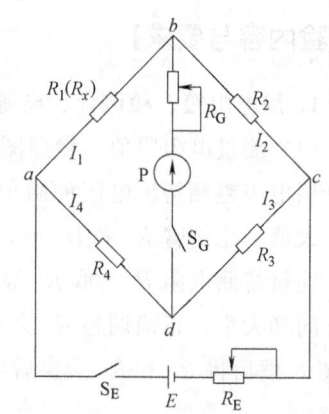

图 2.4-1 惠斯通电桥测电阻原理图

较臂。因此，电桥由四臂（测量臂、比较臂和比例臂）、检流计和电源三部分组成。与检流计串联的限流电阻 R_G 和开关 S_G 都是为了在调节电桥平衡时保护检流计，不使其在长时间内有较大电流通过而设置的。

在用天平测量质量时已知，测得质量的精密度主要决定于天平的灵敏度。在正常情况下，天平的灵敏度与天平的最小分度值保持一致。与此相似，使用电桥测量电阻时的精密度也主要取决于电桥的灵敏度。当电桥平衡时，若使比较臂 R_4 改变一微小量 δR_4，则电桥将偏离平衡，检流计偏转 n 格。为此，常用如下的相对灵敏度 S 表示电桥的灵敏度：

$$S = \frac{n}{\dfrac{\delta R_4}{R_4}} \quad (2.4\text{-}4)$$

由式（2.4-4）可知，如果检流计的鉴别率阈（灵敏阈）为 Δn（取 0.2 至 0.5 格），则由电桥灵敏度引入被测量的相对误差为

$$\frac{\Delta R}{R} = \frac{\Delta n}{S} \quad (2.4\text{-}5)$$

即电桥的灵敏度越高（S 越大），由灵敏度引入的误差越小。

实验和理论都已证明，电桥的灵敏度与下面诸因素有关：

1) 与检流计的电流灵敏度 S_I 成正比。但是 S_I 值越大，电桥就越不易稳定，平衡调节比较困难；S_I 值小，测量精确度低。因此，选用适当灵敏度的电流计是很重要的。

2) 与电源的电动势 E 成正比。

3) 与电源的内阻 $R_内$ 和串联的限流电阻 R_E 有关。增加 R_E 可以降低电桥的灵敏度，这对寻找调节电桥平衡的规律较为有利。随着平衡逐渐趋近，R_E 值应减到最小值。

4) 与检流计和电源所接的位置有关。若 $R_G > R_内 + R_E$，又 $R_1 > R_3$、$R_2 > R_4$ 或者 $R_1 < R_3$、$R_2 < R_4$，那么检流计接在 bd 两点比接在 ac 两点时的电桥灵敏度来得高。当 $R_G < R_内 + R_E$ 时，若满足 $R_1 > R_3$、$R_2 < R_4$ 或者 $R_1 < R_3$、$R_2 > R_4$ 的条件，那么与上述接法相反的桥路的灵敏度可更高些。

5) 与检流计的内阻有关。R_G 越小，电桥的灵敏度越高，反之则低。

【实验内容与要求】

1. 用电阻箱、检流计、电源组成惠斯通电桥测量电阻

（1）测量电阻阻值　参照图 2.4-1，用三个电阻箱和检流计组成一电桥。在测量时，先用万用电表粗测待测电阻的阻值。用电桥进行测量时，为便于调节，应先将电阻 R_E 和 R_G 取最大值。比例臂 R_2 和 R_3 不宜取得很小，可取 $R_2=R_3=1000\Omega$。

连接待测电阻 R_x，取 R_4 等于 R_x 的粗测值。合上开关 S_E 和 S_G，观察检流计指针的偏转方向和大小，正确调整 R_4 直至电桥平衡，记录 R_2、R_3 和 R_4 的阻值。计算出待测电阻阻值 R'_x，然后将 R_2 和 R_3 交换后再测（换臂测量），计算出待测电阻阻值 R''_x。

当 R_x 大于 R_4 的最大值时，取 $\dfrac{R_2}{R_3}=10$ 或 100 测量，当测得的 R_4 的有效位数不足时，可以取 $\dfrac{R_2}{R_3}=0.1$ 或 0.01。

（2）测定电桥的相对灵敏度　测量时，调节电桥平衡后，保持倍率不变。改变比较臂 R_4 的阻值，使检流计指针偏转 $n=5$ 格，记下此时比较臂 R_4 的值 R'_4。再使检流计朝相反方向偏转，记下此时比较臂 R_4 的值 R''_4，求出 δR_4 代入式（2.4-4），算出电桥灵敏度 S。

（3）计算待测电阻和标准不确定度　分别算出两待测电阻的值 $\overline{R_x}$（$\overline{R_x}=\sqrt{R'_x R''_x}$）与标准不确定度 $\mu(R_x)$。

（4）给出测量结果。

2. 使用箱式电桥测量

测量标称值相同的商品电阻阻值 7 个，求出平均值及标准不确定度。

【问题讨论】

1. 为什么用电桥测量电阻一般比伏安法测量的准确度高？
2. 怎样消除比例臂两只电阻不相等所造成的系统误差？
3. 为什么要测电桥的灵敏度？
4. 用箱式电桥测量时，比例臂的选取原则是什么？
5. 在用惠斯通电桥测电阻的实验中有哪些误差来源？实验中如何减小误差？你有何建议？
6. 如果用箱式电桥测量微安表内阻，应怎样做才能保证微安表不超量程（电路图、步骤）？

【数据记录表格范例】

表 2.4-1　组装电桥测量电阻的数据记录

换臂前	R_2/Ω	R_3/Ω	R_4/Ω	$n/$格	R'_4/Ω	R''_4/Ω	R'_x/Ω	$S/$格
待测电阻 R_{x1}								
待测电阻 R_{x2}								

(续)

	R_2/Ω	R_3/Ω	R_4/Ω	—	—	—	R''_x/Ω	—
换臂后								
待测电阻 R_{x1}				—	—	—		—
待测电阻 R_{x2}				—	—	—		—

电阻箱的等级：$a_2=$ _____ $a_3=$ _____ $a_4=$ _____

R_{x1}、R_{x2} 分别为待测的两个电阻。

表 2.4-2　箱式电桥测量电阻的数据记录

商品电阻	1	2	3	4	5	6	7
R_4/Ω							

$\dfrac{R_2}{R_3}=$ _____　　箱式电桥的等级 $a=$ _____

【数据处理提示】（组装电桥测量电阻的数据处理）

1. 计算待测电阻的阻值

换臂前电阻为

$$R'_x = \frac{R_2}{R_3} R_4$$

换臂后电阻为

$$R''_x = \frac{R_2}{R_3} R_4$$

待测电阻阻值为

$$\overline{R_x} = \sqrt{R'_x R''_x}$$

2. 误差分析

实验为一次性测量，测量结果由 B 类不确定度评价。

1) 由电阻箱引入的合成不确定度为

$$u_{B1}(R_x) = \overline{R_x} \sqrt{\left(\frac{u_{B1}(R_2)}{R_2}\right)^2 + \left(\frac{u_{B1}(R_3)}{R_3}\right)^2 + \left(\frac{u_{B1}(R_4)}{R_4}\right)^2} = \overline{R_x} \sqrt{\left(\frac{a_2\%}{\sqrt{3}}\right)^2 + \left(\frac{a_3\%}{\sqrt{3}}\right)^2 + \left(\frac{a_4\%}{\sqrt{3}}\right)^2}$$

2) 由电桥灵敏度引入的不确定度为

$$u_{B2}(R_x) = \frac{\Delta n}{S} \cdot \frac{\overline{R_x}}{\sqrt{3}}$$

式中，$\Delta n = 0.2 \text{div}$；$S = \dfrac{n}{\dfrac{\delta R_4}{R_4}}$，$\delta R_4 = \dfrac{1}{2} |R'_4 - R''_4|$。

3) 合成标准不确定度为

$$u_C(R_x) = \sqrt{u_{B1}^2(R_x) + u_{B2}^2(R_x)}$$

3. 测量结果为

$$R_x = \overline{R_x} \pm u_C(R_x)$$

参 考 文 献

[1] 杨述武,赵立竹,沈国土,等.普通物理实验2:电磁学部分[M].北京:高等教育出版社,2007.
[2] 陶淑芬,李锐,晏翠琼,等.普通物理实验[M].北京:北京师范大学出版社,2010.
[3] 钟鼎,吕江,耿耀辉,等.大学物理实验[M].天津:天津大学出版社,2011.
[4] 丁慎训,张连芳,等.物理实验教程[M].北京:清华大学出版社,2002.
[5] 刘静,刘国良,赵涛,等.大学物理实验[M].沈阳:东北大学出版社,2009.
[6] 沈元华,陆申龙,等.基础物理实验[M].北京:高等教育出版社,2003.
[7] 李平舟,武颖丽,等.综合设计性物理实验[M].西安:西安电子科技大学出版社,2012.
[8] 朱世坤,辛旭平,等.设计创新型物理实验导论[M].北京:科学出版社,2010.
[9] 刘少杰,于健,等.大学基础物理实验:电磁学分册[M].天津:南开大学出版社,2008.
[10] 孙晶华,梁艺军,等.操纵物理仪器获取实验方法——物理实验教程[M].北京:国防工业出版社,2010.
[11] 谢行恕,康士秀,霍剑青,等.大学物理实验[M].北京:高等教育出版社,2005.
[12] 黄志敬.普通物理实验[M].西安:陕西师范大学出版社,1991.
[13] 吕斯骅,段家怩,等.新编基础物理实验[M].北京:高等教育出版社,2006.
[14] 吴建宝,张朝民,刘烈,等.大学物理实验教程[M].北京:清华大学出版社,2013.
[15] 林抒,龚镇雄,等.普通物理实验[M].北京:高等教育出版社,1981.
[16] 赵鲁卿,王玉文.普通物理实验[M].西安:西北大学出版社,1993.
[17] 朱鹤年.基础物理实验教程[M].北京:高等教育出版社,2003.
[18] 李志超,等.大学物理实验[M].北京:高等教育出版社,2001.
[19] 李佐威,刘铁成.普通物理力学热学实验[M].长春:吉林大学出版社,2000.
[20] 杨述武.普通物理实验1[M].北京:高等教育出版社,2000.